基于规则引擎的地图注记自动配置方法研究

张志军 著

U0250372

WUHAN UNIVERSITY PRESS
武汉大学出版社

图书在版编目(CIP)数据

基于规则引擎的地图注记自动配置方法研究/张志军著. —武汉：武汉大学出版社,2018.8
ISBN 978-7-307-20346-4

Ⅰ.基…　Ⅱ.张…　Ⅲ.地图制图自动化—测绘注记—研究
Ⅳ.P283.7

中国版本图书馆 CIP 数据核字(2018)第 145601 号

责任编辑:鲍　玲　　　责任校对:汪欣怡　　　版式设计:汪冰滢

出版发行:**武汉大学出版社**　　(430072　武昌　珞珈山)
　　　　　(电子邮件:cbs22@whu.edu.cn　网址:www.wdp.com.cn)
印刷:北京虎彩文化传播有限公司
开本:720×1000　1/16　　印张:11　　字数:195 千字　　插页:1
版次:2018 年 8 月第 1 版　　2018 年 8 月第 1 次印刷
ISBN 978-7-307-20346-4　　定价:42.00 元

序　言

伴随着人类社会高速发展，我们所处地球的地表形态的变化也日益加速，尤其是在人口密集的城市空间，新的高楼大厦、广场绿地、道路桥梁等不断出现，人类活动场所，如餐厅、店面、企业的变更也日益频繁。一直以来，地图都担负着为人类社会活动提供及时、准确、易读、丰富的空间信息的使命。新时代下，地图制图界面临着前所未有的机遇和挑战。

目前，在地图制图过程中，占据着制图员绝大部分精力的工作是交互式注记配置及其冲突处理。为了将这部分工作实现智能化，本书旨在通过记录、积累和利用制图员的"人工"经验，寻求"智能"的地图注记自动配置方法。作者从地图注记配置的原理着手，以计算机技术中的知识表达与推理、搜索匹配等技术为突破口，为实现地图注记的自动化配置提供了有效途径，其研究成果对数字环境下地图制图综合也有一定的支持作用。

本书详细介绍了地图注记配置的方法、规则、语言，构建了地图注记自动配置技术参数体系，提出了地图注记配置模式的概念，用规则引擎技术记录了地图注记配置知识，同时实现了配置参数的自动推理，并结合格式塔心理学实现了配置结果的视觉评价。本书内容对于一般地图制作、电子地图开发等相关领域人员具有重要的参考价值。

李　霖

1

前　　言

自 20 世纪 60 年代末至今,地图制图界对地图注记自动配置的研究从未间断过,这一古老的问题一直是相关领域的难点与热门研究议题。规则引擎的思想是将可变的业务规则从具体实现代码中独立抽象出来,形成独立的规则,再加上对这些规则的管理与执行。就目前的制图规范和制图经验而言,地图注记配置规则只给出了一般性的要求,如易读、不压盖、无歧义等,具有模糊性、抽象性和随意性。然而在技术领域,情况正好相反,一种地图注记配置算法只能针对一组具体的配置规则,如"注记应配置在要素的内部主骨架线上"。这个矛盾导致了目前地图注记自动化配置难以顾及地物要素个体之间的差异。规则引擎的出现为调和这一矛盾提供了契机,本研究以计算机技术中的知识表达与推理、搜索匹配等技术为突破口,为实现地图注记的自动化配置提供了一条新的途径,研究成果对数字环境下地图制图综合也有一定的支持作用。

地图注记配置过程是一个智能行为,在遵守制图规范的基础上,根据要标注的地物要素的实体特征和重要性等级确定地图注记的样式与布局。其中样式包括字体、字形、字号、字色、字型;布局包括字列、字顺、字向、字位、字隔。同时,地图注记的文字从形式上分为符号文字和拼写文字,这两种形式的注记配置方法有很大的差异,我国文字为符号文字,其自动化配置较欧美等使用的长条拼写文字难度更大。

本研究综合考虑地图注记配置算法的合理性、整体性、系统性等因素,突破传统的地图注记按地物要素的类型分类的束缚,综合考虑地物要素的类型、属性语义和符号图形特征,提出了地图注记配置模式的概念。配置模式在考虑地物要素的类型、属性之外还兼顾了影响地图注记位置的符号图形变量,如地物要素符号图形的大小、方向,密度等。结合我国地图特征,提出了八种地图注记配置模式:点注记配置模式、线-点注记配置模式、平行线注记配置模式、缓冲线注记配置模式、主骨架线配置模式、中轴线配置模式、凸壳配置模式和散列式配置模式。各配置模式采用相应的配置方法计算地图注记的表达形式和候选位置。

格式塔心理学是兼顾认知心理学与图形学的一个领域,主要研究图形组合方式对人类认知上产生的影响。基于格式塔原理，本书提出了影响地图注记位置的五个注记质量评价因子及其度量方法，构建了地图注记质量评价模型。

地图注记配置规则从地图信息传输角度出发，兼顾地图整体效果与地图注记自身的功能，包含地图注记的配置条件、配置优先级、约束条件、配置方法、处理策略等。实现地图注记自动配置的第一步就是形式化地表达地图注记配置规则，即建立注记配置规则库。本书将知识表达和推理技术与地图注记配置的实际情况相结合，详细探讨了地图注记配置规则体系，研究了地图注记配置知识库的结构、建立和维护方法，实现了数字环境下注记配置规则的形式化表示。注记配置知识库包括注记事实库、配置规则库、冲突规则库、处理规则库和配置参数库。

规则引擎诞生的目的在于解决复杂的业务规则解析问题，它通过规则文件来存储业务逻辑，而通过对规则文件的解析来处理业务，从而达到了业务逻辑与处理逻辑的分离。本研究立足于这一功能特性，一方面研究服务于制图人员的地图注记配置知识的描述与形式化表达，通过规则语言将这些知识写入RuleML文件，进行解析；另一方面在深入研究知识推理技术的基础上，提出了基于改进的 Rete 算法实现地图注记配置模式和配置参数推理的方法，并提出基于规则引擎的地图注记自动配置框架。

在地图注记优化方面，本书从制图实践经验出发，立足于研究顾及全要素的优化策略。在数字环境下对制图专家注记配置思维形式的模拟，提出了地图中所有注记应按对地图的拓扑领域划分来控制地图注记的优化，从而克服了传统按层优化配置的局限性。

本书对上述的算法、推理进行了实验性验证。实验建立了1∶5万和1∶25万地形图地图注记配置知识库，基于 NxBRE 实现了地图注记自动配置原型系统。

本书的研究成果得到了国家自然科学基金"基于差分式更新的数字地图制图模型研究"（40871178），天津市"131"创新型人才培养工程，天津市测绘院"快速制图"等科研项目的联合支持，天津市测绘院提供了制图所需数据，武汉大学提供了制图知识和制图模型。

感谢武汉大学李霖教授给予指导，感谢武汉大学出版社，特别是王金龙社长的大力支持，他们的辛勤付出才促成了本书的顺利出版。

本书是在作者博士论文的基础上经过完善而成的。书中难免会有纰漏和不足之处，敬请读者批评指正。

作　者

2018 年 8 月于天津

目　　录

引　言

　　人类从未放弃过对其赖以生存的自然环境的探索和认知，而地理信息是人类对于现实世界认知的重要组成部分，并且伴随着人类对客观世界改造的全过程。在人们日常生活过程所接触到的信息中约有 70% 是地理信息。地图是人类认知空间环境的结果，也是人类进行空间认知的工具。地图正是一种利用图形来传输空间信息的工具，是人类与空间地理环境进行沟通的桥梁。地图成为地理信息的主要传输载体，被称为"是除了人类所共有的文字语言和音乐语言以外，供人类信息交流的第三语言"（Taylor，1993）。在相当长的时期内，地图是人们描绘地球表面有形或无形空间现象的唯一手段，几千年来为人们提供了地理信息的外部表达方式（Mark，1999）。陈述彭院士认为："随着科学技术的进步，地图是永生的。"在计算机的数字环境下，地图的功能得到了进一步强化，地图已成为"数字城市"、"数字国家"与"数字地球"的科学、庄重与直观的表达形式，成为一切空间信息系统与人们交流的窗口（王家耀，2002）。

　　地图注记是地图中的一个重要而又必不可少的组成部分，地图符号是由图形语言构成的，而地图注记作为一种自然语言符号，弥补了地图符号的不足。地图注记使得地图具有了很强的可阅读性，使得读图者可以充分获取地图上所表达的各种信息。一幅地图质量的好坏在很大程度上取决于地图注记质量的好坏（Ahn，Freeman，1984）。

　　手工进行地图注记是一项细致、复杂而又费时的工作。据统计，手工进行地图注记在整个地图制作的过程中需要花费 50% 甚至更多的时间（Yoeli，1972）。因此，如何提高地图注记的效率，实现数字环境下地图注记的自动配置是数字制图研究领域一个重要的任务和目标。另外，计算机科学、计算几何、数据库、空间分析、图形图像处理、数学形态学、机器视觉等学科和技术的发展，也有力地推动了地图注记自动配置技术的研究。

　　近年来，我国测绘地理信息部门瞄准"数字中国"这一国家目标，大力构建"数字中国"地理空间基础框架，积极推进"数字省区"、"数字城市"等建设。2009 年，"数字中国"地理空间基础框架已初具规模，时任国土资源部副部长，国家测绘局局长徐德明说："在以往测绘工作成果的基础上，近年来国家加大了人力、财力和物力投入力度，加快构建'数字中国'地理空间框架。目前已经建成了一批基础地理信息数据库，其中全国 1：400 万、1：100 万、1：25 万、1：5 万基础地理信息数据库和国家大地测量数据库已经建成，并开展了数据库更新工作。全国 50 个省（区、市）已开展了 1：1 万基础地理信息数据库建设，一批 1：1 万和大比例尺基础地理信息数据库已经建成，并进行适时更新"（徐德明，2009）。国务院办公厅转发的《全国基础测绘中长期规划纲要》中提出："到 2020 年，基本建成'数字中国'地理空间框架"。"数字中国"地理空间基础框架的构建，为地图注记自动配置的研究提供了丰富的信息资源。

毋河海教授曾说到："自动化地图注记配置是国际及国内地图制图界及地理信息系统界一个较古老而又长久不衰的研究问题。"到目前从事该研究已有 40 年的时间，历经了计算机、计算机地图制图、地理信息系统等学科从低向高的不同理论与技术背景阶段，取得了可喜的成就，但同时也存在着一些问题，其中包括：

首先，随着地图产品的形式越来越丰富，以及地图类型越来越全面，地图注记的配置规则呈现出多样化的特点。数字环境下地图注记配置方法的研究难以适应配置规则的不断变化；

其次，即便在同一幅地图的配置问题上，配置方法只针对一类地物要素，而忽略了单个地物实体的复杂性。仅靠配置方法的直接调用难以满足所有地物要素实体的配置需求，往往需要将多种配置方法灵活地组合起来，形成新的配置模式。

基于规则引擎的地图注记自动配置技术的研究正是在这样的背景下展开的，出发点主要有：

①将知识表达和推理技术引入地图制图学领域，探索面向地物要素实体的注记配置方法，研究规则引擎在地图注记配置领域的应用，既是开创性的研究课题，更具有重要的现实意义。

②与其他智能体问题不同，地图注记配置问题具有自身的特点，如注记结果的多样性、注记评价因子的不确定性等，在注记表达、注记配置、注记评价各方面都需要寻找一种合适的建模方法。

③地图注记配置知识具有不确定性、不一致性，甚至还常存在相互冲突性，在注记配置知识形式化表达和推理上寻找一种合适的方法。

　　④根据地图注记配置模式的适用范围，研究要素实体的符号图形变量及其度量方法；结合要素几何类型和属性语义，研究注记配置模式的推理和注记配置参数的推理框架，为实现地图注记实例级别的配置建立基础。

第一章 绪 论

居住在地球上的人类的一切活动都是在一定的地区或地理环境中进行的，要使得这些活动顺利进行，人类就必须正确地认识周边地理环境并合理利用地理条件。在计算机出现之前，人们一直都是利用地图来获得对空间地理环境的认识，并利用地图完成各种量算和规划设计。作为人类在信息传播方面的三项重大发明(语言、音乐和地图)之一，地图在经济建设、科学研究、国防建设、政治活动、文化教育、灾害管理、应急处理及日常生活等各方面都有着十分广泛的用途。可以说，随着社会的发展，人类的活动越来越离不开地图了。

然而，要把大量的地理信息清晰、直观地表达于一张地图上却是一件很不容易的事情。事实上，人类在阅读地图时，在单位面积内只能获取有限的信息量，如果地图承载的信息量过多反而会事倍功半。因此，地图制作的艺术性就在于：在有限的图幅空间内尽可能地传递更多的地理信息，同时还要保证地图的易读性。想要将现实世界中的所有地理信息都表达于一张地图上是不现实的，因此只能是取重舍轻、去粗取精，将最有用的信息传递给读图者。

用来传递地理信息的地图语言有地图符号和地图注记，地图注记用来辅助地图符号，说明要素的名称、种类、性质和数量特征等（王家耀，2006）。地图符号主要用来表达有"哪类"要素，地图注记主要用来表达是"哪个"要素。仅有地图符号的地图只能表达空间地理区域的一般空间概念，只能算是一幅"哑图"，无法反映地理要素的名称、数量和质量特征。解决办法就是给这些要素加上注记，地图注记是地图的可阅读性、可翻译性和地图信息传输的基础（祝国瑞，2004）。地图注记是构成地图的重要内容，其中以名称注记（地名）最重要。在实际利用地图时，地名更具有特殊的意义。根据地名能很容易地判定空间位置，识别必要的目标，很容易在附近分布的许多相似地物中区别出所寻找的目标（萨里谢夫，道义李，等，1982）。可以说，如果地图上没有地名，没有地图注记，地图的功用会大打折扣。

地图注记的配置是指根据地理要素的位置、形态特征、优先级等选择合适的位置和排列方式，从而实现地图的可阅读性和可翻译性。本书所研究的地图注记自动配置是指利用计算机，在相应的软件平台上，依据地图注记配置规则、地物要素的个体特征，采用对应的配置模式，得到地图注记，并能自动定位于地图符号周边，尽可能地避免各类冲突，力求达到专业制图人员的配置效果。

1.1 地图注记自动配置问题的提出与发展

1.1.1 地图学科发展使得地图注记配置自动化走向必然

地图学(地图制图学)，是研究用空间图形科学地、抽象概括地反映自然界和人类社会各种现象的空间分布、相互联系及其动态变化，并对空间地理环境信息进行获取、智能抽象、存储、管理、分析加工、可视化和应用的一门科学与技术(王家耀，1999)。我国的地图制图学科到现在已发展为地图制图学与地理信息工程学科(或地理学与地理信息系统)，经历了传统地图学到数字化地图学并进一步向信息化地图学发展的过程，取得了举世瞩目的成绩(王家耀，2005)。然而，从根本上实现地图生产的自动化还不现实，并已被列为地图制图学与地理信息工程学科研究的六大热点问题之一(王家耀，2010)。

地图生产始终是地图学的主阵地。长期以来，地图生产都是由专业的制图人员采用传统手工方式完成的，其作业速度慢、生产周期长、劳动强度大、现势性差、精度低。因此，地图制图学研究的一项重要任务就是不断努力提高地图生产作业的速度和效率，同时降低地图生产的成本。20世纪70年代末，计算机地图制图技术获得了迅速的发展，1978年制图人员用计算机制图方法绘制了我国第一张全要素地形图，这一成功带来了地图生产方式变革的希望。

地图注记配置是地图生产中的一个重要环节，在手工配置阶段一个制图人员的平均工作效率是每小时20~30个注记，地图注记配置的工作量占到整幅地图生产的50%以上。要实现地图生产的自动化，首先要实现地图注记配置自动化。随着计算机地图制图技术、数据库技术、知识推理技术等相关学科技术的不断发展，数字环境下的地图生产已经成为必然。

1.1.2 GIS平台为地图注记配置研究提供了技术支持

直到20世纪80年代，随着与计算机地图制图相关的硬件设备(绘图仪、数字化仪、显示器等)的普及，计算机地图制图技术及其相关行业才得到了真正的应用和重视。随后计算机编程技术、数据库理论与技术的不断提高，更加完善了计算机地图制图系统的功能，如空间查询功能、空间数据与属性数据管理功能。与此同时，随着世界各国文字库的建立，学术界在计算机地图制图理论与技术上的研究得到了更广泛和深层次的开展，包括地图自动综合、空间数据可视化、地图数据处理模型、地图注记自动配置等。相比之下，国外的地图注记自动配置的研究层次更深，提出了地图注记候选位置模型和优化策略，但都集中于点状要素的注记配置，其研究成果尚不能应用于实际地图生产中。但是，这一阶段的地图注记仍以手工配置或计算机辅助交互配置为主，严重制约了地图生产的速度。

随着计算机技术的进一步发展，计算机地图制图系统的应用日益广泛，地理信息系统（GIS）应运而生。地理信息系统是以地理空间数据库为基础的，融计算机科学与技术、地图学、地理学、数学、统计学、测绘学、遥感技术、全球定位系统等学科与技术于一体，对与地理空间相关的信息进行采集、存储、管理、处理、分析、显示与输出的计算机软硬件系统。功能日益完善的 GIS 平台为地图注记自动配置的研究提供了强大的技术平台支持。如在地图注记配置过程中对地物要素的形态特征分析、注记与其所标识的要素的压盖或包含关系等都可以灵活地运用 GIS 平台强大的空间分析功能（地理要素形态与分布特征分析、空间邻近性分析、拓扑关系分析等）；同时，GIS 有效的空间数据和属性数据一体化管理功能为多要素的群组识别提供了可行性；空间索引功能为注记与注记之间的压盖检测提供了更快的效率。

1.2 规则引擎的提出与发展

1.2.1 规则引擎产生的背景

信息系统发展到今天，行业规范和用户要求瞬息万变，在纷繁复杂的变化背后，唯一不变的是：业务逻辑（business logic）一直在变。这种变化一直是用户和项目开发人员之间不可调和的矛盾。

用户希望开发的信息系统无所不能且便于操作：①业务流程必须实现自动化，即使现代业务规则（业务逻辑）异常复杂；②用户应能随心所欲地管理系统中的规则，具有自动、智能化的操作方式，且不需要开发人员参与；③信息系统必须依据业务规则的变化实现快速、低成本的更新，以适应经常变化的市场需求和行业规范。

而项目开发人员则碰到了如下问题：①按照软件工程的要求，系统开发应遵循需求、设计、编码、实施的流程，然而往往业务规则在需求阶段尚未明确，且在后续环节中还会不断地变化；②程序设计是以数据结构为基础的，复杂且不断变化的业务规则很难直接抽象出数据模型或确定相应的算法，因此业务规则往往固定于系统代码中；③系统的维护和更新具有很大的技术难度，单靠业务人员难以完成。

在这种背景下基于规则的专家系统应运而生。其中心思想是：将业务决策者的业务决策逻辑同应用开发者的技术决策剥离开。并把业务决策用数据库或其他方式进行动态地存储和管理，称之为规则库。同时，向业务人员提供业务规则定制、删除、修改的入口。此外，需要一个推理引擎完成规则库中的业务规则筛选、匹配、推理、决策等工作。规则引擎是从基于规则的专家系统推理引擎发展而来的。

1.2.2 规则引擎的概念

规则引擎起源于基于规则的专家系统（RBES），为了更深入地了解规则引擎，对基于规则的专家系统先做一个简单的介绍，后文将有详细的阐述。基于规则的专家系统是专家系统的一个分支，而专家系统又是人工智能的一个分支，属于产生式规则系统（吴鹤龄，1991）。基于规则的专家系统的基本概念和相关技术如图1-1所示。

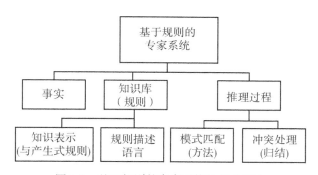

图1-1 基于规则的专家系统的相关概念

- 事实：是指在系统中恒定为真的一种陈述性断言。
- 知识表示：是指以特定的数据结构表示人类的知识，以供计算机存储和推理，是人工智能的一个重要研究领域。知识表示的方法有多种，都有各自的适用范围，后文将有详细的阐述和分析，规则引擎一般采用产生式表示法。

● 规则描述语言：是产生式规则描述的工程化与具体化的产物。它既具有产生式的一般形式，又对产生式中的条件部分和推论部分进行了具体的定义和实现。目前主要的规则描述语言包括 LISP 及其派生语言（如 CLISP），除此之外主流的规则引擎出于工程性的考虑还使用类 Java 语言作为规则描述语言。多种规则语言的使用使得不同系统实现彼此之间的兼容和互操作成为了问题。目前业界倡导的解决方式是使用 RuleML 作为公用标准。

● 规则推理：知识推理就是从一个或多个初始状态到达一个预先定义的目标状态。为达到目标而进行的状态转换的数量越少，推理的效率就越高。

● 模式匹配：是指在推理过程中对规则与事实的选择匹配策略进行控制，以提高推理速度的算法，常用的模式匹配算法有马尔可夫算法、Rete 算法、Treat 算法等。

● 冲突处理：也称冲突归结，通过制定规则优先级，确定规则执行顺序，保证匹配的规则以确定的方法被执行。需要处理的冲突主要包括规则矛盾、规则包含、规则冗余、规则遗漏、数据融合（Giarratano，Riley，1989）。

到目前为止，业界对规则引擎尚未得出一个确切的定义。规则引擎是基于规则的专家系统采用人工智能中的知识表示和知识推理技术来模仿领域专家的推理方式，使用试探性的方法进行推理，并使用人类能够理解的术语解释和证明它的推理结论。本书将规则引擎看作是一种嵌入在应用程序中的组件，它的任务是把当前提交给引擎的数据对象与加载在引擎中的业务规则进行测试和比对，激活那些符合当前数据状态下的业务规则，根据业务规则中声明的执行逻辑，触发应用程序中对应的操作（彭磊，2006）。

1.2.3　规则引擎的应用与发展

规则引擎的研究始于 20 世纪 70 年代，斯坦福大学使用 LISP 语言开发的MYCIN 是第一个用于血液疾病诊断的基于规则的诊断系统。系统实现的主要理念是知识和控制的分离，将以规则表示的知识从用于评估、执行的程序中分离出来，这是规则管理技术的启蒙时期。此后的近 10 年时间里规则引擎虽然有一定的发展但基于规则的编程理念并没有深入人心。20 世纪 80 年代后期，面向对象技术的兴起为软件工程理论提供了新的概念和模型，同时业务规则管理系统的引入促使人们有更多的精力去考虑业务规则而非实现细节，基于业务规则的开发方法逐渐显示出节省时间的同时还能满足用户个性化需求的优势。

目前，规则引擎的应用主要包括数据查询、管理与质量分析，业务流程控制，辅助决策、人工智能等方面。具体应用领域包括医疗诊断（张宇，2008）、电信计价（林碧英，张艳辉，2007）、故障排查（蔡怡明，周谊，2010；王璐玮，尹朝庆，等，2005）、金融管理（秦旺勇，2006）、银行信贷评级（梁凯鹏，2007）、气象资料质量控制（王兴，苗春生，等，2011）、地理信息查询与分类（刘晨帆，肖强，等，2010；孙懿青，2006）、教务教学管理（张伟，2008）、机器人智能化（陈建伟，唐平，2003）等。

1.3 国内外相关研究与进展

1.3.1 地图注记配置相关的研究进展

作为制图自动化的一个重要分支，地图注记自动化配置的问题从20世纪50年代至今，一直都是国内外学者的研究热点，并已经取得了相当可喜的成果。在这期间，随着地图制图学、计算机地图制图、地理信息系统等学科理论和技术的不断深入与发展，在一系列自动制图相关的国际会议以及制图、人工智能等相关国际性的期刊上发表的论文有数百篇之多，但仍然有很多问题没有得到圆满的解决。

下面将从地图注记配置所涉及的配置规则、配置顺序、配置过程、位置定位、质量评价及优化方法这六个方面，简要地评述这一领域的研究概况。

1.3.1.1 地图注记配置规则的研究进展

在地图注记配置规则方面，Yoeli 最早提出了注记配置的通用原则，并将注记分为点、线、面三种类型分别加以研究，同时定义了点注记的优先级位置，并提出面域的注记应压盖重心并落在面域的外接矩形内（Yoeli，1972）。随后，Imhof 提出了地图注记的3个基本规则：易读性、清晰性和美学平衡性，同时给出了7个详细的注记规则，并将线状要素注记的原则分为"硬限制"和"软限制"（Imhof，1975）。之后，Clifford H. Word 提出的有关小比例尺地图注记配置规则是对 Imhof 总结的配置规则进行了进一步的具体的描述（Word，2000）。

在地图注记冲突处理规则方面，Langran 和 Poiker 提出当注记不可避免地发生重叠时可删除不太重要的注记（Langran，Poiker，1986）。樊红提出了地图注记自动配置的3个总原则（"所属关系"原则、"避让"原则和"习惯"原则），并按点、线、面三种类型分别给出了具体的原则（樊红，杜道生，等，1999）。Jones 为了避免注记对地图内容的影响采取了在地图平面上放置格网的办法：首先根据要素类别设定压盖优先级；栅格的属性值由栅格内所有要素中优先级最高的决定；对于每个注记候选位置，其可压盖值为其压盖所有栅格的属性值的总和，并尽量将注记配置到压盖值较低的候选位置（Jones，1989）。

上述地图注记配置规则都是采用自然语言（文字加图形）的形式加以描述的，能够直观地让人辨别出哪个注记正确、哪个注记错误、哪个注记好、哪个注记差。然而，计算机却难以读懂这些规则。在数字环境下，要实现地图注记的自动配置，还需要对这些规则进行形式化的表达。

1.3.1.2 地图注记配置顺序的研究进展

地图注记配置顺序属于地图注记自动配置宏观控制策略之一，有限的地图空间内注记之间存在很强的相互制约作用。哪个要素先配置注记，哪个要素后配置注记可能会对配置算法的效率产生很大的影响。因此，合理的注记配置顺序可以有效地保证后来配置的注记尽可能少地影响先前配置的注记。绝大多数国外学者（Yoeli，1972；Ahn and Freeman，1984；Basoglu，1984；Pfefferkorn，1985）认为，注记配置顺序应按被注记要素周边的空间自由度由小到大的次序来进行，并认为应先配置面状要素注记，其次是点状要素，最后是线状要素。其理由是：面状要素注记应该反映出面状要素的形状，所以自由度最小，应该最先标注。其次是点状要素，最后才是线状要素，因为线状要素的注记可放在沿线状要素边缘线的任何位置。而我国学者樊红认为点、线、面注记的先后顺序应该是先点，后线，再面。同时，她指出根据不同的输出要求，可以有不同的优先级的规定（樊红，2004）。

可以明确的是，不同注记配置顺序将决定不同的地图注记配置结果。另外，同一类型的要素中，不同属性的要素之间、相同属性要素中的不同实体之间的也应有一个合理的配置顺序的问题。这一问题对注记配置优化方法有着重要的影响。

1.3.1.3 地图注记配置过程的研究进展

目前，国内外学者一致认可将地图注记的自动配置过程分为候选注记位置的产生、候选注记位置的评价、注记位置的选择三个阶段（Chirie，2000；Edmondson，Christensen，et al.，1996；Lecordix，Plazanet，et al.，1994）：

（1）候选注记位置的产生（candidate-positions generalization）

地图注记候选位置是指在不违背地图注记配置规则的基础上，在地图上所有可行的配置位置的总和，它受到所标注地物要素的类型、符号图形结构特征、注记配置模式以及注记自身的表达形式的影响。一般而言，一个要素只有一个最优配置位置。随着周边环境的变化（如其他注记、视口的裁剪），最优配置位置可能在候选位置中发生变化。

（2）候选注记位置的评价（candidate-positions evaluation）

地图注记候选位置的评价是根据评价规则，结合要素周边的实际情况对一个地图注记的所有候选位置的一个评判、排序的过程。其评判内容主要包括：是否压盖其他注记，是否压盖不能压盖的地理要素，是否违背拓扑关系，当前位置是否存在歧义性，是否影响这一区域的视觉美感，等等。在手工注记配置时，这一过程完全凭借制图人员的知识、经验和直觉进行评判。想要实现计算机模拟人脑的这一过程是非常困难的，这也是实现地图注记自动配置要面临的一个重要难点。

目前，学术界公认建立注记候选位置量化指标评价体系是一种较好的方法（Van Dijk，Shawn Edmondson，Clifford H. Word，et al.），也取得了一定的成果。建立地图要素候选注记位置量化指标评价模型体系是本研究议题之一。

（3）注记位置的选择（positions selection）

当地图注记的候选位置得到合理的评判后，对单一实体注记位置的选择就非常容易了。然而在同一要素类型的实体间存在着选择的先后顺序的问题，这也属于地图注记配置顺序的研究范畴。

1.3.1.4 地图注记定位模型的研究进展

（1）点状要素的候选位置定位模型

目前，点状要素的候选位置定位模型多数采用固定个数候选注记位置的标准模型，多为 4 方向和 8 方向，如图 1-2 所示。图中 4 个实线框的位置为 4 方向候选位置，加上 4 个虚线框的位置为 8 方向候选位置。

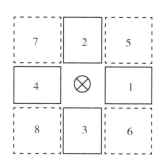

图 1-2　4 方向和 8 方向候选位置

有一些学者提出应让注记的候选位置拥有更多的自由度，如 S. A. Hirsch 提出将点状要素的注记放在以点状要素为中心点的同心圆上，注记应尽量接近要素，但是以不压盖要素为前提（Hirsch，1982）。当注记位于最高点、最低点、最左和最右的时候，被认为是特殊的位置；注记也可以在注记与同心圆交点处前后滑动，如图 1-3 所示。

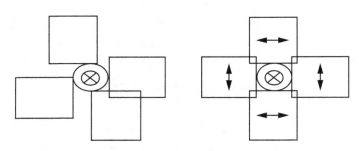

图 1-3 Hirsch 提出的滑动候选位置

Kreveld 通过使用现实中的真实数据，用贪婪算法对六种注记候选位置模型(图 1-4(a))进行了测试，得出了滑动模型(图 1-4(b))比固定候选位置模型的冲突要少 10%~15% 的结果 (Kreveld, Strijk, et al., 1999)。国内外大量学者也对点状要素的滑动模型进行后续研究 (Ebner, Klau, et al., 2005; Poon, Shin, et al., 2004; Poon, Shin, et al., 2001; Strijk, Van Kreveld, 2002; Zhu, Qin, 2002)。

在我国小比例尺地图中，点状要素尤其是密集点状要素的注记配置中经常会使用到垂直字列的形式。针对这一情况，郭庆胜教授在进行稠密点状地图要素的注记配置中分别提出了水平和垂直两种情况的各 12 个点位集 (郭庆胜，王涛，2000)，如图 1-5 所示。

此外，其他类型的要素(如小的面状要素)的注记定位模型也应采用点状要素定位模型。罗广祥提出了一种面-点型名称注记配置模型，其候选位置如图 1-6 所示。该模型适用于居民地轮廓图形、散列式居民地、形体较小或者骨架线较短的湖泊水库、面积较小的建筑物等名称注记配置。但考虑到算法效率，最多允许采用 16 个候选位置。此类定位模型往往难以很好地解决密集型点状要素的注记配置 (罗广祥，2003)。

本研究的点注记配置模式沿用了这一思想，并结合前文所述空间自由度的概念，提出了一种候选位置数目可根据空间自由度自适应调整的定位模型。

(2)线状要素的候选注记位置定位模型

线状要素候选注记位置一般分为中心定位(如道路、等高线)和非中心定位(如单线河)，后者存在定位线的求取问题。樊红提出了简化线要素并求取

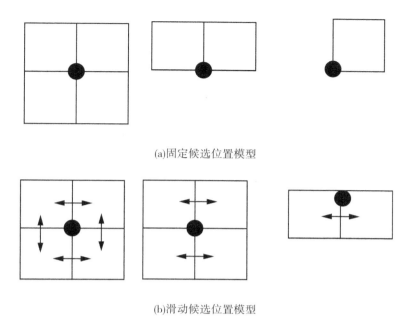

(a)固定候选位置模型

(b)滑动候选位置模型

图 1-4 六种点注记候选位置模型

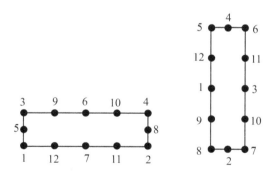

图 1-5 稠密点状注记配置候选位置

上下平行线作为其定位线方法（樊红，张祖勋，等，1999）。罗广祥基于其提出的基于线状要素缓冲区的上下平行线确定方法进一步研究之后认为：数字环境下线状要素面向名称注记配置可分为宏观与微观两个阶段。他主张将线状要素归为密集点与稀疏点两种类型，对密集点型进行宏观分段，并基于坐标单调性分析提出了带有单调性图形简化的宏观分段模型（罗广祥，李媛媛，等，

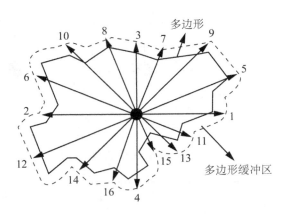

图 1-6　面点型候选注记位置及其次序

2006）。

线状要素注记定位模型的另一问题是字顺与字隔的确定。字隔的确定对于我国文字而言存在很大的灵活性，这也就决定了线状要素名称注记定位模型的复杂性。目前的定位模型往往对字隔采取了固定化处理，即以固定的字隔进行配置定位，因此线状要素候选注记位置的确定尚未得到很好的解决。

（3）面状要素的注记候选位置定位模型

目前面状要素注记配置算法大多是基于定位线，Yoeli 采用的将注记过重心的水平线上且在面域外接矩形内的方法被很多研究一直沿用。Ahn 和 Freeman 开发的 Autonap 系统首次提出面状注记应沿面域骨架线进行注记（Ahn，Freeman，1984）。Lee R. Ebinger 和 M. Gouletter 在此基础上提出了切割平行线中点连线求骨架线的方法（Ebinger，Goulette，1989）。

我国学者杜瑞颖提出先对面状要素进行修整后再提取主骨架线的思想（杜瑞颖，刘镜年，等，1999）。马飞基于数学形态学提出了求取栅格面域的主骨架线的算法（马飞，1996）；余代俊提出了基于 Delaunay 三角形求取主骨架线的算法（姜永发，张书亮，等，2005；余代俊，耿留勇，等，2006）；姜永发等从图形学角度出发提出了长对角线作为注记定位线的思想（姜永发，张书亮，等，2005）。

还有部分基于域的配置方法，如王昭基于几何信息熵提出注记与面状要素的"熵心"或"熵线"的方案（王昭，吴中恒，等，2009）；赵静提出格网法动态标注的方法，将客户视图范围用固定的像素大小格网化，以确定能否被标注

（赵静，罗兴国，等，2008）。

事实上，上述方法都只能适应于一类面状要素，在进行配置之前需要进行注记配置模式的判定，樊红将地形图中的面状要素的注记分成4种基本注记模式：骨架线注记模式、边界线注记模式、单连通面域点注记模式和散列式面域点注记模式（樊红，2004）；张晓通在此基础上改善了散列式面域注记模式，并针对湖泊引入直接水平或垂直注记模式（张晓通，李霖，等，2008）。贺彪结合多边形的面积和形状因子推出应将面状注记问题分类处理的方法（贺彪，李霖，等，2007）。目前各类面状注记的定位模型已经较为成熟，难点在于如何根据面状要素实体的符号图形特征(结构特征、分布特征)选择相应的配置模式加以区别对待。

1.3.1.5　地图注记位置质量评价的研究进展

一般而言，地图注记位置的质量评价都是以配置规则为评定准则的。Edmondson 等重点考虑了注记-注记、要素-注记的相互覆盖。Barrault 和 Wolff 等也在他们的研究中对高质量的线状要素注记质量评价给出了一些标准。Dijk 和 Kreveld 的研究比较全面，他们大致列出了高质量注记要遵循的 60 多条标准，并将这些标准归为美观性、注记清晰性、要素清晰性和注记-要素关联性这 4 大类（Van Dijk，Van Kreveld，et al.，2002）。

对于我国汉字注记质量评价的研究，樊红抽象出冲突、压盖、位置优先级和关联性 4 个基本因素，通过建立评分体系，构造地图注记的 4 因素形式化质量评价模型（樊红，张祖勋，等，2004）。苏姝提出的质量评价函数包含了易读性、关联性、美学平衡性、和谐性、无歧义性等 6 条规则（苏姝，李霖，等，2006）；王玪基于格式塔心理学理论提出了接近性原则、连续性原则、相识性原则和共同性原则（王玪，2007）。罗广祥结合自己提出的地图注记数据模型，将地图注记分为单点型点状要素、线状要素、面状要素和面点型名称注记 4 类，并分别提出了相应的质量评价模型体系。

1.3.1.6　地图注记优化方法的研究进展

地图注记的配置是在为各注记合理地分配有限的自由图幅空间。因此其自身就是一个优化决策的过程。ACM 计算几何组也认为，注记其实包含很多优化问题，即使只将注记限定在点特征周围的几个固定位置，其自动配置也是一个典型的 NP 难度问题（Formann，Wagner，1991；Marks，Shieber，1991）。注记的优化是指遵循合理的地图注记顺序(包括不同要素类型的顺序、同一要素类型不同要素个体的顺序)为各地物要素选择最佳注记位置的过程。目前，地图注记的优化方法主要集中在点状注记的配置问题上，大致可以归纳为如下

5 类:

（1）单轮冲突消解法

单轮冲突消解法要求地图要素按位置自由度由小到大的顺序进行注记配置，每一个要素按位置优先性次序进行判别，当优先位置符合配置要求时，该要素注记配置就算完成，否则，再判断次优先候选注记位置。如 Yeoli 早期的研究中采用的是简单的搜索方法，也就是美国人口调查局地理部提出的"基于回溯尽量减少回溯"的方法（Ebinger，Goulette，1990）。由于要素的注记配置没有顾及对周围其他要素的影响，从而导致后续要素的注记可能找不到合适的位置，在复杂的情况下往往无法保证注记的质量。

（2）专家系统

专家系统采用基于问题状态空间的顺序搜索带回溯的策略，试图采用基于规则的系统或专家系统来解决问题。如英国伦敦大学测量与制图系利用专家系统技术建成基于规则的系统 NAMAX；美国 Freeman 等建立的名为 Autonap 的专家系统。但专家系统技术的特点是效率低，且在出现组合爆炸时，无法搜索到最优解。

（3）物理松弛冲突消解法

物理松弛冲突消解法是指先将点状注记配置在最优位置，如果与其他点状符号或先前注记发生冲突，则根据冲突产生的虚拟力量移动（Hirsch，1982；Hirsch，Glick，1982）。由于这种虚拟的力量是一个连续量，使得最后找到的注记位置与人工常用位置有很大偏差，从而影响注记的易读性、美观性。

（4）图搜索冲突消解法

图搜索冲突消解法考虑了注记过程中各要素注记位置选择的相互制约性，模拟了人的并行思维特点，但是算法执行起来回溯次数多，注记配置效率不高。

（5）组合优化冲突消解法

组合优化冲突消解法将点状要素注记配置看作是一个 NP 型组合优化问题，主张用组合优化数学工具来解决该问题。如 Steven Zoraste 利用 0-1 整数程序设计，为每个注记的候选问题打分，通过迭代优化来反映不同位置之间的相对要求，用整数程序方法解决石油基础图的注记问题（Zoraster，1986；Zoraster，1990）；Christensen 提出了梯度下降法，通过考虑每个注记的所有候选问题，让注记能最大限度地改善注记整理质量的位置（Christensen，Marks，et al.，1995），后来在此基础上提出了模拟退火算法，使其跳出局部最优解

（Zoraster，1997）。模拟退火算法是近代非线性数学优化理论中的一种模型，它常被用于求解 NP 型组合优化问题的近似全局最优解。我国许多学者开展了大量基于模拟退火算法的地图注记自动配置的研究（杜维，2005；罗广祥，马智民，等，1999），并认为这种猜测式的启发式算法是最有可能解决注记自动配置问题的算法。模拟退火算法属于一种随机优化算法，因而在优化注记配置过程之中盲目性较大，较高配置结果必须通过较大迭代次数来保证，从而影响速度的提高。

鉴于国内外众多学者认为地图注记自动配置是一个组合优化问题，那么遗传算法应该是一种有效的解决途径。Mike Preuh 在其博士论文中探讨了遗传算法在地图注记配置中应用的理论性问题，并认为这一算法是迈向高质量地图注记自动配置的有效方法（Preub，1998）。我国许多学者也在此方面做出了大量的研究（邓红艳，武芳，等，2003；樊红，刘开军，等，2002；刘树安，吕帅，等，2007；张红武，张友纯，等，2003）。限于该问题组合爆炸的规模太大，约束性复杂而难以描述，算法的收敛性很难保障，其使用效果也不尽如人意。

之后，蚁群算法（彭珊鸽，宋鹰，等，2007）、禁忌搜索算法（杨勇，邓淑丹，等，2007）等组合优化算法也被引入到点状注记的配置中来。

1.3.2 知识表达方式的研究进展

目前，知识表达方式多是基于定制格式的文本管理方式或直接将知识存入数据库系统的管理办法。定制格式的文本形式符合人们一般的阅读思维和语言习惯，能较好地实现半结构化和非结构化的知识存储。但是由于缺乏统一的知识管理工具，从而限制了人们对知识的交流和共享。数据库保存知识的优势在于利用成熟的数据库管理工具能够便捷稳定地管理和保存知识以及数据库二维表格结构，使得这个方法对于保存产生式规则非常有效。但是对于非结构化的知识存储就存在一定的困难(徐伟，等，2005)。

知识表示问题是探讨计算机中采用什么形式的语言来表达知识，从而在这种表达的基础上进行知识处理。这个问题可以说是计算机领域中比较老且没有得到很好解决的问题。目前，主要的知识表示方法有一阶谓词逻辑表示法、概念图表示法、粗糙集表示法、产生式表示法(或规则表示)、模糊 Petri 网表示法、语义网络表示法、框架表示法、脚本表示法、面向对象表示法和 XML 表示法等。每种方法都有一定的适用范围。

1.3.3 知识推理技术的研究进展

知识推理是指按照某种策略从已知事实出发推出结论的过程。目前，主要的推理技术有：产生式推理、基于案例的推理、模型推理、人工神经网络推理等。

产生式推理在人工智能领域占有很重要的位置，被广泛应用于专家系统、机器学习等方面。随着应用范围的不断扩大，执行效率问题成为了产生式推理发展的瓶颈。目前主要的研究工作都是围绕着如何提高产生式推理的执行效率而进行的（Forgy C L，1982；Miarnker D P，1987；Kuo S，et al.，1992；Rasehid L，et al.，1994；Amaral J N，et al.，1996；Aref M M，et al.，1998），主流的方法是将并行处理技术引入产生式推理中（Raschdi L，et al.，1994；mAaral J N，et al.，1996；Aref M M，et al.，1998）。傅荣根据 Petri 网的基本原理，在产生式规则和 Perti 网的条件/事件系统之间建立了一致性联系，并在此基础上提出一种产生式知识表示的 Petri 网模型及其相应的推理规则（傅荣，罗键，2000）。宋震将一台 PC 机与四台 TRANSPUTER 组成一个多机系统，构建了集散式的并行推理模型（宋震，李莲治，2001）。邓超针对现有不确定推理模型，结合专家知识不确定性在产生式推理系统中的体现，归纳出一种更接近人类专家处理不确定性和方便人们理解与构造实例模型的不确定推理模板模型（邓超，郭茂祖，et al.，2003）。陈星针对基于模糊 Petri 网的产生式知识表示方法，提出了一种推理规则，此方法通过验证和确认前提条件来化简关联矩阵，从而建立一个与推理直接相关的新矩阵，避免了对知识库的盲目搜索（陈星，刁永锋，2004）。刘道华在分析了传统的产生式规则的三种不确定性的基础上，提出了基于模糊数产生式规则的模糊推理机制（刘道华，原思聪，et al.，2006）。

基于案例的推理（Case-Based Reasnoing，CBR）旨在利用已有的案例去解决新问题。比较知名的学者如 Roger Shank、Janet Kolodner、Bruce Poter、David Wilsond 等；学术团体主要有德国政府资助的凯泽斯劳滕大学的 Michael Richter 和 Klaus Deiter Althoff 等人组成的人工智能和知识系统研究小组，马萨诸塞州立大学的 Edwina Rissland 研究小组，以及美国海军人工智能实验室的智能辅助决策研究小组等。目前对 CRB 研究最多的是案例的检索方法。针对提高系统的检索速率和准确度，学者们提出了许多检索方法。一些学者还研究了 CRB 的索引策略。Znag Z. 等提出使用基于神经网络模型的索引方法以减少案例库冗余；Deange J. 为一个有两百多万个案例的案例库设计了动态索引结构来检索案例；Fox 等基于以往的检索动态地提炼出案例索引，进一步发展了自省的推理技术；Bing C J 和 Ting P L 把模糊集理论应用到案例索引和检索过程中，以提高检索速率；还有学者致力于把模糊聚类技术融入 CRB 中，使系统具有模糊推理的性能，能较好地仿真专家经验推理。此外，也有不少学者研究了案例表示与组织方法、案例改写机制、案例库的构建方法和维护策略（房文娟，李绍稳，等，2005）。

模型推理（mode-based reasoning，MBR）也是构建知识系统推理机制的一种方法。在早期，以面向过程的方法进行编程时，MBR 被定义为模拟，即以计算机建立一个真实世界进程的系统模型，但在当时，MBR 并未被广泛关注。随着面向对象的编程技术的出现以及面向对象的分析和设计方法（Object-oriented Analysis and Design）的提出，MBR 又被注入了新的活力。蔡毅将该技术集成于通用 CAD 设计软件，使设计软件具有一定的智能，提高了设计效率（蔡毅，娄臻亮，2002）。一般而言，在基于模型推理的应用系统中，往往需要在庞大的记录空间中搜索大量子集中的最优值。因此，搜索效率成为模型推理的关键。于泠采用的遗传算法（于泠，陈波，2001）和陈波采用的模拟退火算法（陈波，于泠，等，2005），较好地解决了搜索效率问题。

人工神经网络推理（artificial neural network reasoning）是随着神经元的抽象数学模型——MP 模型的提出而诞生的（王文杰，叶世伟，2004）。之后人工神经网络理论在模式识别、智能控制、图像处理、组合优化、机器人和专家系统等领域取得了广泛的应用。目前已提出了近 40 种神经网络模型，包括前向模型、反馈模型、随机网络和自组织神经网络等。比较著名的是感知器、Hopfield 神经网、Boltzmann 机、自适应共振理论（ART）和反向传播网络（BP）等。总结近几年的研究情况，不难看出 ANN 推理研究有两大进展：一是神经元结构的复杂化，从普通神经元发展到复合神经元；二是神经网络层次结构的复杂化，如从简单神经网络发展到多层次的综合网络，这两方面的进展必将增强神经网络自身的推理能力。可以预见，今后神经网络推理的研究仍将围绕着这两个方面展开，一个更接近人类智能（包括左半脑计算机和右半脑计算机）的完整计算机系统必然会出现。

1.3.4　规则引擎的研究进展

由于经济与社会发展差异，国内外在规则引擎的研究方面相差很大，因此也导致了规则引擎在实际应用中的差异。为此，通过分析国内外规则引擎的差异为本书中的研究工作提供现实依据。

在国外，规则引擎的研究始于 20 世纪 70 年代，但到 80 年代这段时间，由于当时的引擎性能很差，缺乏与主流系统的集成能力。因此，基于知识规则的编程方法没有得到很好的应用。80 年代后期，随着面向对象技术的兴起，分类机制、封装、消息通信机制等技术为人们解决复杂应用软件系统提供了新的概念和模型，也为基于知识规则的程序提供了更好的集成和实现方式。目前国外比较典型的规则引擎有：

（1）Java 商业规则引擎

具有代表性的是 ILOG 公司的 ILOG JRules，目前版本是 JRules6，该产品具有完备的功能，较强的可靠性、可定制性和可扩展性。在 ILOG 的业务规则语言框架中，定义了三种规则语言：业务操作语言（BAL），使用自然语言语法编写规则；技术规则语言（TRL）采用伪代码形式编写规则；ILOG 规则语言（IRL）使用类似于 Java 或 XML 的语法编写规则。在规则库中，具有规则版本控制、权限管理、规则历史记录、锁机制等一系列的功能。在规则库实现上，采用直接绑定 XML 文档的方法。

（2）Java 平台的开源规则引擎

①Drools：应用 Rete-II 算法。

②Mandarax：基于反向推理（归纳法），能够较容易地实现多个数据源的集成，不支持 JSR-94。

③OFBiz Rule Engine：支持归纳法（backward chaining）。最初代码基于 Steven John Metsker 的"Building Parsers in Java"，不支持 JSR-94。

④JLisa：JLisa 是用来构建业务规则的强大框架，它有着扩展了 LISP 优秀特色的优点，比 Clips 还要强大。这些特色对于多范例软件的开发是至关重要的，支持 JSR-94。

（3）.NET 平台下的规则引擎

- NxBRE

NxBRE 是基于 .NET 平台下的 C#语言开发。由于是一个开源项目，因此代码完全公开，便于学术研究；用户还可以遵照开源条款修改其代码。NxBRE 调用满足 RuleML 规范的知识库文件，利用自带的函数实现知识推理。

- 商业引擎 ILOG Rules for.NET

ILOG Rules for.NET 引擎是将基于 Java 平台的 ILOG JRules 移植到了.NET 平台下的产物，利用 API 函数实现对应用程序中的规则引擎的控制。

在国内，规则引擎的开发还处于初期阶段，开发的成型的规则引擎还很少。目前国内比较著名的规则引擎有：

①杭州旗正信息技术有限公司开发了国内第一个 Java 规则引擎产品 Visual Rules for Java。它是一个图形化的辅助软件开发工具，可以嵌入现有的软件项目中，方便其进行业务逻辑的快速开发和维护，因此可以提高软件复用，减少软件开发和维护的工作量。

②苏州大学智能信息处理研究所开发的基于 Java 的通用不精确正向推理机。它是通过 Java 语言和 EJB 技术来实现的，并以中间件的形式完成了对知识库的操作。该推理机具有能在网络上共享、通用和不精确推理等特性，实现方便，可以基于它来构建功能更加强大的专家系统。

综上所述，目前主流规则引擎多是基于 Java 和 C++语言环境，特别是自 Java Community Process（JCP）制定出 Java 规则引擎 API 的 Java 规范请求 JSR-94 以后，Java 平台的规则引擎发展迅速，涌现出许多商业产品和开源项目。.NET 平台下的规则引擎，尤其是 C#语言下规则引擎的发展则刚刚起步，可选择的余地非常有限，科学理论和技术方法的研究相对较少，可以借鉴 Java 引擎的成功经验。

1.4 主要研究内容与目标

1.4.1 主要研究内容

①分析地图注记的本质，即地图注记的"内涵与延伸"，提出一种支持地图注记自动配置的表达方法。该方法包含了地图注记的样式特征、布局特征以及可调整的候选位置。

②影响地图注记位置的格式塔组合原则的研究，提取影响地图注记位置的质量评价因子。研究各评价因子的度量方法及其权重。

③总结分析数字环境下地图注记配置过程中求取定位信息的关键技术，提出地图注记配置模式概念，包括注记定位信息的计算方法，不同类别地物要素的配置模式选择。

④分析知识表示的方法，结合地图注记配置知识的特点，研究地图注记配置知识形式化表示的方法。

⑤知识推理技术是实现配置规则与配置过程相剥离的关键技术，本书中提出了一种改进的 Rete 算法实现地图注记配置推理，包括注记配置模式推理和注记配置参数推理。

⑥基于规则引擎的地图注记自动配置框架的研究。包括地图注记对象的建

立，注记对象与配置规则的匹配，以及配置结果处理策略等。

1.4.2 研究目标

（1）建立支持地图注记自动配置的相关模型

数字环境下地图注记的自动化配置包括注记文本的提取、注记样式的设计、注记位置的计算，注记质量的评价以及注记位置的优化。本研究首先从地图注记的本质出发，建立支持地图注记自动配置的相关模型。该模型包括：注记候选位置的地图注记表达模型，地图注记配置模型（包括宏观配置模型和微观配置模型）和地图注记对象模型。

（2）构建地图注记质量评价体系

地图注记评价体系为地图注记自动化配置提供决策依据。本研究从格式塔心理学原理出发，提取与注记质量相关的几个格式塔组合原则，结合地图注记配置原则，提出五个地图注记质量评价因子及其度量方法，构建地图注记质量评价体系。

（3）设计地图注记配置执行组件

地图注记定位信息的计算是地图注记配置的本质。本研究总结归纳出七种基本注记配置模式，并针对散列式要素提出一种组合注记配置模式，采用插件式程序开发技术，完成地图注记配置执行组件的设计与实现。

（4）建立可扩展的地图注记配置知识库

地图注记配置规则是构建地图注记配置推理网络的基础。本研究根据地图注记配置知识特点和知识表示方法，提出地图注记配置知识管理机制。包括地图注记配置知识库的组织结构，注记知识的定制、修改、存储方法。实现地图注记配置知识库管理界面，完成1：50 000和1：250 000地形图注记配置知识库的建立。

（5）建立基于规则引擎的地图注记自动配置框架

研究规则引擎的运行模式、模式匹配算法，基于注记配置模式对应的敏感因素，研究单个要素或要素集的配置模式的选择和配置参数计算的推理流程，以及全图幅注记分区域优化的方法。最终建立基于规则引擎的地图注记自动配置框架，并实现地图注记自动配置插件。

1.5 内容编排与框架

根据上述的研究内容与研究目标，本书的内容编排如下：

第 1 章　绪论：从地图注记自动配置问题的提出与发展入手，结合规则引擎思想的应用与发展，对国内外相关研究与进展进行分析，阐述了本研究的选题理由和意义，并指出具体的研究内容和目标、内容编排。

第 2 章　支持地图注记自动配置的相关模型的建立：从地图注记的本质出发，分析了地图注记的功能、分类情况和设计特征，对比传统的地图注记方法与数字环境下地图注记配置方法，提出了基于规则引擎的地图注记自动配置的方法，以及地图注记表达模型。

第 3 章　地图注记质量评价体系：基于格式塔心理学原理定义了影响地图注记位置的五种质量评价因子及其度量方法，用加权处理的方法提出了 5 个地图注记质量综合评价模型。

第 4 章　地图注记配置模式概述，本章是全书的重点之一。基于视觉变量定义了影响地图注记位置的要素图形符号特征变量的概念，在分析前人的研究成果的基础上，归纳总结了地图注记的 8 种配置模式。并提出分要素类型、要素属性、要素符号图形变量三个层次对注记配置模式进行选择的思路和方法。

第 5 章　基于知识表示的地图注记配置知识库的建立：基于知识的定义和特征分析了知识表示的方法，结合地图注记配置知识的特点，提出了一种基于 RuleML 的地图注记配置知识的表示方法，以及地图注记配置知识库的建立方法，基于 Rete 算法的知识推理技术的研究。本章从知识推理的方法（及其分类）和控制策略（包括推理策略和搜索策略）出发，分析了几种基本推理技术，指出产生式规则推理更适合于提取地图注记配置规则和配置参数等知识。通过比较选择 Rete 算法作为知识推理中的匹配算法，并针对其不足提出了改进方法，减少了存储空间，提高了推理效率。

第 6 章　基于规则引擎的地图注记自动配置框架。本章是全书的另一个重点，融合了第 3、4、5 章的研究内容，从规则引擎的前身产生式系统出发，首先阐述了规则引擎的推理过程和运行模式；然后根据地图注记知识推理的特点，选用 NxBRE 引擎中的推理引擎作为知识推理工具；最后，提出了地图注记自动配置的框架。

第 7 章　原型系统设计与实现。针对本书中提出的地图注记 8 种配置模式，结合地图注记知识的表示与推理、注记配置模式匹配等多项研究成果，建立原型系统进行验证。

第 8 章　结语。

本书的内容结构框架如图 1-7 所示。

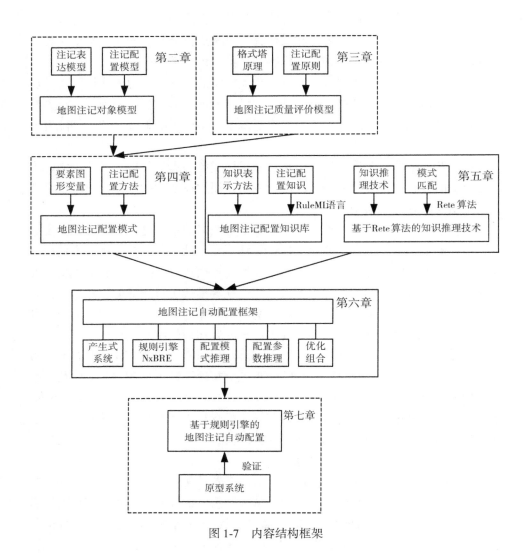

图 1-7　内容结构框架

第二章 支持地图注记自动配置的相关模型

一幅地图中的地物要素往往种类繁多，各要素实体的形态特征差异较大，符号图形复杂，加上注记配置问题自身的复杂性，要想全面地满足所有的注记配置情况几乎是不可能的。本章首先分析地图注记的本质内涵，以及传统和数字环境下地图注记配置方法的区别，在此基础上提出了基于规则引擎自动配置的方案，并为相关问题进行建模，包括地图注记表达模型、配置模型和地图注记对象模型。

2.1 地图注记

地图注记是指地图上用来说明各种要素名称、种类、性质、数量的文字和数字。地图注记是地图基本内容之一，它和地图符号、色彩方案、背景轮廓等共同承担着地图信息的传输工作（杨圣枝，2009）。尽管注记不是地理空间中能"看得见，摸得着"的要素，但它几乎与地图上任何要素都有着密切的联系，因此，注记的表达形式及其配置方法是地图学研究的重要内容之一。

2.1.1 地图注记的功能

地图注记是地图不可或缺的组成部分，在地图信息的传输过程中承担着重要的图解功能。地图注记的配置规则、配置模式、配置方法等都是围绕着地图注记的功能展开的。深入理解地图注记在地图表达中的作用，对制图人员在地图设计生产中理解和灵活应用地图注记配置规则，以取得良好的注记效果有着非常重要的意义（Word，2000）。地图注记具有如下功能：

（1）地图注记的标识功能

标识地理实体对象是地图注记的根本功能。往往由地图上数量最多，最基本的注记形式——名称注记承担这一功能。地物名称与地物的关系如同人的姓名与人的关系一样，在人类日常交流中，地物名称与地物实体具有等价功能。通常人们在听到或看到某个地物名称时就会很自然地在脑海中反映出该地物实体的相关信息。正是地物名称注记的存在，才为地图符号赋予了真正的地理意义。同时名称注记还潜在地发挥着丰富地图信息量的功能，如图2-1中的"小峰山"、"大峰山"。

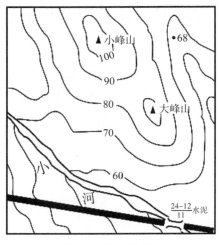

图 2-1 注记示意图

（2）地图注记的指示功能

文字或数字形式的说明性注记可以标明地物实体的某些属性，主要有定性和定量两种方式：

● 定性指示 地图注记可以采取特定的表达形式来表明地物实体的独特性质。最典型的示例就是注记采用左斜字体来标明"该地物实体为水系要素"。除此之外，注记的颜色也常常用来帮助读图者对地物类型进行判定，如经常采用蓝色表达水系注记、棕色表达地貌注记等。

● 定量指示 与定性指示类似，地图注记也可通过数量的多少、字号的大小等帮助读图者区分地物要素的级别、规模等。定量指示功能常常被应用到专题图的编制。

（3）地图注记的模拟功能

地图注记的模拟功能是指通过地图注记模拟出地物实体的某些信息或实体之间的关系，主要体现在以下三个方面：

● 方位的模拟 地图注记可以正确地反映具体地物要素之间的空间方位关系。一般针对点状要素模拟其具体方位信息，如图2-1中，"大峰山"在"小河"的北岸。

- 地形特征的模拟　地图注记可以通过字序、字形、字隔等的设定模拟出地物要素的地形特征。一般针对线状要素模拟其延伸方向和地形走势，诸如河流的流向、等高线的示坡方向。如图 2-1 中，可以通过"小河"的字序看出该河流向是从西北向东南流。

- 界限的模拟　当地图注记所标识的面状要素无明确边界时，可利用注记的位置充当一部分的边界来模拟出地物实体的范围和界限。如图 2-2(a) 中渤海与黄海的注记可以模拟出两者之间的分界线，图 2-2(b) 中虚线部分。这类注记对人们在阅读地图时空间观念的形成具有重要意义，往往具备严肃的政治和法律特征。因此，这一功能对地图注记显得尤为重要，在配置过程中须认真、严肃、谨慎对待。

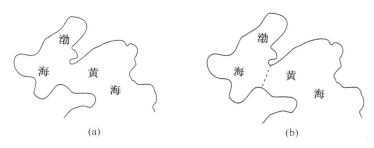

图 2-2　注记模拟界限示意图

(4) 地图注记的转译功能

当地图上地物实体的图形特征与属性特征不存在内在联系时，或地物实体不存在形态特征时，地图注记可以辅助地图符号承担信息的传输功能。具体表现形式主要有两种：一种是利用地图注记充当地图符号，如表达矿产资源分布时常用到的"油"（"oil"）；另一种是采用与地图符号相配套的注记样式对周边其他的地物和注记加以区分，如在行政区划表达时常采用醒目的红色大字号的"首都"来配合同样醒目的红色五角星符号。

2.1.2　地图注记的分类

地图注记存在类型之分，不同类型的地图注记的定位模型、表达形式有很大的差异性。科学的地图注记分类有助于系统地研究地图注记的配置规则和配置方法，便于计算机表达注记对象的模型建立。不同的分类指标得到不同的分类情况：

（1）按地图注记在地图中的分布分类

按地图注记在地图图面上所在的分布区域，地图注记可分为图内要素注记和图外整饰注记：

● 图内要素注记　是指地图制图区域内所要表达的地物要素（包括自然要素与社会经济要素）有关的名称、种类、性质和数量的说明文字和数字，是地图内容的根本组成部分。

● 图外整饰注记　是指地图图面上除图内要素注记以外的附属要素的注记。如图名、图例、比例尺、制图说明等使用到的各种说明文字和数字。图外整饰注记是对图内要素注记的补充，同时承担着地图设计的整体视觉平衡和美学效果的调整任务。

（2）按注记功能分类

按地图注记的功能特点，地图注记可分为名称注记、说明注记和数字注记（邬伦，2001）：

● 名称注记　是用文字注明地物要素的专有名称的注记。如图2-1中"小峰山"和"大峰山"。名称注记在地图图面上与其他地物要素（或注记）常存在着争夺空间的矛盾，不同类型的地物名称注记还存在不同配置规则、配置顺序和配置方法。由此看来，名称注记的自动配置难度最大。然而名称注记也是地图注记中数量最多的一种，在地图上占据相当大的信息载负量，见表2-1，是地图注记配置研究中最主要的一类。

表2-1　　　　居民地名称注记载负量与地图总载负量的关系（毋河海）

地图比例尺	地图基本载负量（mm^2）/cm^2	名称注记载负量（mm^2）/cm^2	名称注记载负量比例（%）[2]
1∶10万	9.0	0.8	9
1∶20万	13.0	7.8	60
1∶100万	15.0	12.2	80
1∶500万	16.7	15.0	90

载负量的定义是地图图廓范围内所有注记文本框的面积与内图廓面积之比。苏霍夫说："地图的载负量一般理解为单位面积上地图图廓内线划符号的总和。若符号大小一定，绘图载负量与地图所含内容之间就有着一种直接的关

系；地图内容越完善，地图载负量越高。不过图上线划符号的载负量应有一定的限度，若超过这个限度，地图既不清楚，也难阅读。这对丰富地图内容来说是一个限制"。

- 说明注记 是用文字说明地物要素的种类、性质或特征的注记，以补充地图符号的不足，当用地图符号还不足以区分具体内容时才使用。如图 2-1 中，"水泥"说明了桥梁的质地。

- 数字注记 是用数字说明地物要素数量特征的注记。如图 2-1 中，"68"说明了该点的高程值。在地图上主要有三种表现形式：其一为表示地理要素某种数量指标的数字注记，如高程点注记、等高线注记、水库库容量注记等；其二为表示地理要素某种编号特征的数字注记，如道路等级及编号、邮政编码等；其三为与地图定位相关的坐标格网数字注记，如方里网坐标注记等。

（3）按注记要素类型分类

地图上被注记的要素按照制图对象的空间分布状态可分为：点状要素、线状要素和面状要素（马耀峰，胡文亮，等，2004）。

- 点状要素 没有维的概念，对于制图对象在实地所占面积相对较小，在地图上所占面积不大，只能以点状来表示。严格来说，应是地面上呈点状分布的对象，这些对象可以有一定的形状和大小，但是因比例尺的原因或制图的需要只能将这些对象表示为点。例如：山峰、教堂、水井、灯塔等，在某些小比例尺的地图上，居民地也表示为点状要素。

- 线状要素 具有一维的概念。在实地上呈线状或带状延伸的制图对象，在地图上常用线状的彩色线划表示，例如：河流、道路、等高线和街道等。

- 面状要素 具有二维的概念。在实地上呈面状分布的制图对象，在地图上用面状的轮廓线、色彩和纹理来表示，例如：湖泊、水库、大比例尺地图上的居民地。

对应地，地图注记也可以分为点状注记、线状注记和面状注记三种：

- 点状注记：标识点状要素的注记，如图 2-3(a)所示；
- 线状注记：标识线状要素的注记，如图 2-3(b)所示；
- 面状注记：标识面状要素的注记，如图 2-3(c)所示。

2.1.3 地图注记的设计

地图注记的设计主要包括地图注记的样式设计和布局设计。前者主要是指字体、字形、字色、字号、字型（注记的风格）的设计。在制作国家基本比例尺地图时，相关国家标准、地图图式和制图规范中都有明确的规定，便于计算

(a)　　　　　　　　(b)　　　　　　　　(c)

图 2-3　注记按类型分类情况

机的实现。后者主要是指字位、字向、字列、字序、字隔(字间距)的确定,主要由要素的类型、属性语义以及具体符号图形特征等共同确定。其计算过程称为注记配置,具有很大的灵活性,属于智能行为,也是地图注记自动配置问题的研究重点和难点。两者相互之间存在着一定的制约和影响。

(1)地图注记样式设计

● 字体　地图注记所使用的字体称为制图字体,汉字常用的字体有宋体及其变形体(长、粗、扁等)、等线体及其变形体(长、长中、细、粗)、仿宋体、黑体、隶书、魏碑及美术体等。

● 字形　是指一定的字体下,文字外形进行变化的特征,如左斜体、右斜体、耸肩字体等。文字外形的变化可以通过建立新的字体库(如左斜宋体字库)完成,也可以通过对原有文字进行仿射变化达到理想的效果。前者原理简单,便于调用,但建库工作量较大,维护成本高,如添加一个新的文字需要修改多个字库,适用于固定一类地图的制作;后者控制参数较多,需编写相应的程序模块实现,但变形灵活,可以得到任意想要的效果,适用于专题地图的制作。

● 字色　是指地图注记使用的颜色,注记的字色一般与地物符号的颜色一致,早期的字色主要采用 RGB 三原色表示,随着 2006 年 10 月我国《国家基本比例尺地图图式》标准的发布,更适用于出版印刷的 KMYK 色彩模式(也称印刷色彩模式)也被更广泛地接受了。如今,大部分的 GIS 平台和图形图像软件都支持两者之间的转换,但不同的软件转换方式略有不同,结果也略有不同。

● 字号　是指字符在图面上的大小,一般用高度(H)和宽度(W)来表示,我国以毫米为单位，国外常用点、磅、英寸。我国印刷行业常用"K（级）"为单位。各单位之间的换算见表2-2。对于电子地图的注记设计，常以像素为单位，一般用于电子屏幕的显示，与硬件设备有关。

表2-2　　　　　　　　　　　常用字号单位与毫米换算表

毫米	点	磅	英寸	K
1	2.85	2.83	0.039	9/2

● 字型　是指注记的风格，为了达到特殊效果对字体的外形笔画进行处理，如空心笔画、阴影效果、立体字，主要用于专题信息的表达和遥感影像地图中。

（2）地图注记布局设计

● 字向　是指注记文字字头的朝向。注记字向一般为字头朝北图廓直立，等高线上的高程注记应朝向地势较高的方向，街道名称、公路等级注记字向如图2-4所示。

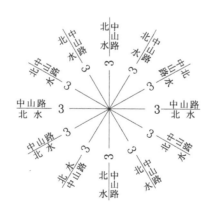

图2-4　街道名称、公路等级注记字向图

● 字序　是指地图注记中各个字符的排列顺序。注记的字序安排应符合读者的阅读习惯，如我国的阅读习惯是由左至右、由上至下。对于有延伸方向的线状地物（如河流），字序应与其延伸方向一致。如图2-1中的"小河"。

● 字列　是指同一地图注记各文字的排列方式。注记字列分为水平字列、垂直字列、雁行字列和屈曲字列，如图 2-5 所示。水平字列的注记由左至右，各字中心的连线成一直线，且平行于南图廓；垂直字列的注记由上至下，各字中心的连线成一直线，且垂直于南图廓；雁行字列的注记各字中心的连线斜交于南图廓成 45 度和 45 度以下倾斜时，由左至右注记，成 45 度以上倾斜时，由上至下注记，字序如图 2-5（c）；屈曲字列的注记各字字边垂直或平行于线状地物，依线状的弯曲排成字列。

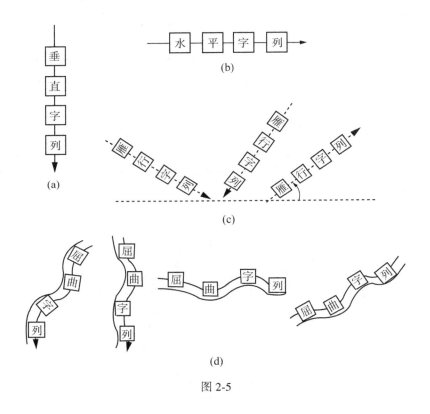

图 2-5

● 字隔　是指地图注记中各个字符之间的间隔。注记字隔按各字的字间隔可分为邻近字隔、普通字隔和隔离字隔。对于普通地图而言，最大字隔不超过字号的 5 倍，当地物延伸较长时，可采取重复注记的形式。

● 字位　是指地图注记在地图上相对于地物要素的空间位置。地物要素的类型、个体特征、配置规则、配置模式等对地图注记的字位都有着很大的影响。地图注记配置的本质就是为地物要素求取字位的过程，也是本书的一个重要研究内容。

2.2 地图注记配置方法

2.2.1 传统的地图注记配置方法

在地图绘制过程中，传统的地图注记方法有手工书写、字格膜片法、章印法、蜡刻印刷法、透明胶片粘贴法、快速转印法，这些方法在我国一直沿用到20世纪90年代。几种主流方法具体的措施如下（王中流，1979）：

（1）字格膜片法

用厚0.2~0.3mm的透明赛璐珞片刻出图中常用的字形和字号的字格，注记时用铅笔画出需要的字格，然后在字格中书写注记。

（2）章印法

在图上画出字格，选取与注记字体、字号相对应的印刷铅字直接在图上盖印，盖印时墨汁要均匀，厚度要适中，力度要适当。

（3）透明胶片粘贴法

将要注记的文字和数字变成植字表，注记时先把文字照印制在感光纸上，再将纸背面一层剥去，然后将注记贴在图上相应位置，最后盖上透明胶片压平、压实。

（4）快速转印法

预先将文字和数字用特殊方法印制在塑料薄膜片基上，注记时将印有文字的片基胶面对准图上要转印的位置，在背面施加一定的力度，文字就会从片基上剥离下来，转印到图面上。为防止注记脱落，一般还会在图面上涂一层无色罗甸或很稀的一层清漆防护层。

从制作工艺和注记程序上可以看出，传统的注记方法工作量巨大，步骤繁杂，且制作工艺要求高，一旦注记错误，修改困难。随着计算机科学的蓬勃发展，计算机技术被引入到地图制作中来，数字环境下的地图注记配置方法应运而生。

2.2.2 数字环境下的地图注记配置方法

目前在数字制图过程中，地图注记的配置方法分为交互注记和自动注记两种（祝国瑞，2004）。

地图注记交互式配置方法是：首先对注记的字号、字体等参数进行人工设置，然后用计算机鼠标将注记移动到相应的位置，同时记录相关参数和注记定位信息。该方法的关键是设计友好的人机交互界面，便于制图人员灵活、方便地设置参数和快速、准确地定位。

地图注记自动配置方法是：根据地图注记的配置规则，由计算机自动判断注记的字体、字号等参数，并计算注记的定位点。然后按照注记的优先级顺序判断注记是否存在压盖其他重要地物，是否与其他注记冲突，若存在，则进行移位，直到找到合适的注记配置位置为止。主要难点在于本方法注记的自动定位、计算效率不高，注记效果不理想。目前地图注记自动配置方法的研究一般分为点、线、面要素分别进行。

2.2.3　基于规则引擎的地图注记自动配置方法

本研究基于规则引擎提出了一种全新的地图注记自动配置方法。该方法的主要思路是：对注记配置问题进行建模；对于整幅地图建立统一注记配置规则库，用于制图知识的表达和传递；根据要素空间分布特征划分配置子区域，以减小地图注记配置优化的规模从而减小优化算法的复杂度；基于规则引擎推理单个要素实体的配置模式，从而计算其候选位置。配置流程如图 2-6 所示。

各配置步骤详细介绍如下：

（1）待注记要素集排序

地图注记的配置顺序包含两个层次的含义：其一是不同类型要素注记配置的先后顺序，本书定义为由要素类型的优先级决定，其二是同类型要素不同个体之间注记配置的先后顺序，由要素个体的空间自由度决定，主要用于点状要素的配置顺序安排上。

要素的空间自由度是指要素周边可配置注记位置的空白区域的大小，Imhof 用图 2-7 阐述了点状要素注记配置顺序应按自由度由小到大的顺序来进行，即先注记可配置位置较少的要素，再注记可配置位置较多的要素。

（2）单个注记实体的注记配置

单个注记实体的注记配置是指利用规则引擎，根据地物要素的类型、属性和符号图形特征与配置规则库中的规则相匹配，完成注记配置模式和配置参数的推理，计算出地图注记的表达模型，表达模型应包含注记的候选位置。注记配置模式是实现基于规则引擎的地图注记自动配置研究的关键技术，后文将进行详细论述。

（3）划分待注记要素集

地图注记的组合优化已被证实是一个 NP 难度问题，当注记规模增大时，

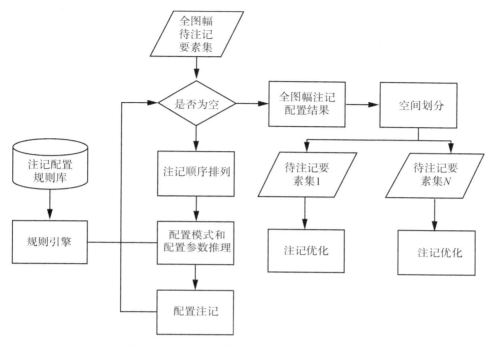

图 2-6　基于规则引擎的地图注记自动配置流程

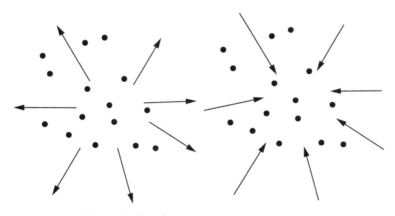

图 2-7　点状要素注记次序确定(Imhof, 1975)

问题复杂性急剧增加，甚至存在组合爆炸的危险。所以，在地图注记优化之前应采取一定的方法尽量减小注记优化的规模。

人们在日常生活中往往会以一些线状地物(包括自然地物和人文地物)进行区域的划分,如行政界限一般以江、河、道路进行划分。阅读地图时,人们也保持了这种习惯,这就决定了注记配置的一个总的规则:拓扑一致性,即注记应与要素在同一行政区划内、同在河流或道路的一侧。

基于上述思路,本书首先以地图上的不连通线状地物(如河流、道路)和行政区划将整张地图划分为多个注记区域。以每个区域为单位进行地图注记的优化。实验证明,这一步骤在降低地图注记优化配置的复杂度上起到了很好的作用。

(4)注记优化组合

注记优化组合是指采用一定的优化算法对注记群体进行优化,目前也是注记自动配置技术的一个研究热点问题,本书采取多目标进化算法,该算法形式简单明了,鲁棒性强,具有显著的隐式并行性。无论何种注记优化算法也只能得到注记配置的较优解,不能完全避免注记冲突的发生。这种情况下,本算法会标记无可行解的冲突注记,由制图人员进行手工调整。

2.3 地图注记模型

为实现地图注记自动配置,首先需要对地图注记的整个配置过程进行建模,包括地图注记的表达模型、地图注记配置模型、地图注记质量评价模型和地图注记对象模型。其中,地图注记表达模型是对单个注记的定位和调整方式建立的模型;地图注记配置模型分宏观和微观两个方面对地图注记配置流程中涉及的各类参数和方法建立的模型;地图注记质量评价模型是针对注记位置质量评价建立的模型,配置模型和注记表达模型决定了地图注记质量评价模型中的评价因子及其权重;地图注记对象模型是对一个要素实体注记问题的建模,它是在对前三个模型进行聚合的基础上加入了待注记的要素而产生的一个新的模型。

2.3.1 地图注记表达模型

在地图上完成一个注记的表达实际上需要回答以下三个问题:①绘制什么内容?②如何绘制?③在哪里绘制?针对这三个问题,本书将一个地图注记视为文本字符、外观样式和布局特征三部分的组合。

为了实现地图注记的自动配置，地图注记还应具备自适应调整的功能，即如果检测出注记存在冲突，具备调整自己到其他符合配置规则的位置的能力。本书提出了一种包含了注记候选位置的地图注记表达模型，该模型支持地图注记的自适应调整，根据注记定位参考图形的类型区别，候选位置的记录方式也有所差异。模型结构如图 2-8 所示。

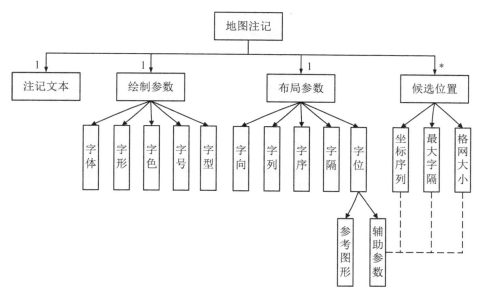

图 2-8　支持地图注记自适应调整的表达模型图

实际上，地图注记有三种形态，这三种形态的区别主要体现在注记布局特征中字位的定位参考图形的差异和候选位置的存储形式上：第一类注记，如点状居民地的注记，采用一个点表示注记的定位参考图形，注记的具体位置在该定位点的周边求取，称之为点定位注记。第二类注记，如河流的注记，采用一条线表示注记的定位参考图形，注记的具体位置在该线上滑动求取，称之为线定位注记。第三类注记，如湖泊的注记，采用一个面域表示注记的定位参考图形，注记的具体位置在该面域的内部求取，称之为面定位注记。这三类注记的表达模型如下：

1. 点定位注记

点定位注记模型中注记的字位由一个定位点表示，如图 2-9 所示。其布局特征特有的参数有定位点坐标 P、字列类型(不能采用屈曲字列)。

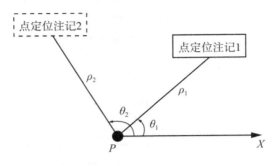

图 2-9　点定位注记

点定位注记模型中注记的位置由注记文本框相对于定位点 P 的空间方位关系进行表达。具体方法是以点 P 为极点、水平向右为极轴建立极坐标系。注记的位置由该坐标系下的一个极坐标 $\langle \rho, \theta \rangle$ 表达。注记的候选位置为极坐标序列。

2. 线定位注记

线定位注记模型中注记的字位由一条定位线表示，如图 2-10 所示。其布局特征特有的参数有定位线 L，最大字隔 K。只能采用屈曲字列，字序与定位线延伸方向一致。

图 2-10　线定位注记

线定位注记的候选位置的调整隐藏在当前字隔 k 和字头距 S 的调整中。字头距是指注记的第一个字符与定位线起始点的沿线距离。一般而言，优先调整 S，再微调 k。

对于给定了布局参数的线定位注记，其初始字隔 k 即为最大字隔 K，初始字头距按下式计算：

$$S = [L - K \times (N-1)]/2 \text{ 。}$$

3. 面定位注记

面定位注记模型中的布局特征参数有定位面 A 和最小单元 C，如图 2-11 所示。只能采用水平或垂直字列，其中，最小单元是指定位面 A 中注记滑动调整的步长。

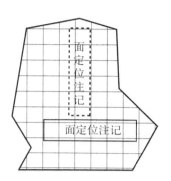

图 2-11　面定位注记

面定位注记的候选位置为以 C 为单位对定位面进行栅格化后得到的格网，格网中的每个栅格都有水平或垂直两个候选字列。面定位注记的初始位置为定位面形心所在的栅格，最好采取与定位面方向一致的字列。

2.3.2　地图注记配置模型

地图注记的配置过程既要从宏观控制出发，把握地图注记的整体注记风格，色彩搭配，配置优先级、注记优化等，又要考虑到地物要素个体的实际情况，包括要素的类型、形态特征、周边环境、配置模式等。因此，地图注记配置模型分为宏观配置模型和微观配置模型。

宏观地图注记配置的问题可以描述为一个四元组：MacroLabel = {RuleDB，LabelStyle，ColorDB，OA}，各元组含义及关系如下：

①RuleDB：注记配置规则库，用于指导地图注记配置所采用的配置模式、评价函数、冲突处理策略等。由制图人员根据地图的类型、用途以及自身先验知识进行选择或定制。

②LabelStyle：注记风格，隶属于 RuleDB 的部分，主要用于指导地图注记的外观设计。

③ColorDB：注记色彩库，隶属于 LabelStyle 的部分，主要用于指导地图注

记字色的选择，同时受地图符号库配色方案的影响较大。

④OA（Optimization Algorithm）：注记优化算法，根据注记质量评价情况，从宏观角度对注记进行可行解优化的算法。

单个地图注记的配置问题可以描述为一个 7 元组：SingleLabel = ｛Priority，LF，LEZ，BFS，ML，LCM，EM｝，各元组含义及关系如下：

①Priority：注记优先级，由注记所标注的地物要素的重要性决定。

②LF（Label Feature）：待注记的地物要素。

③LEZ（Label Exclude Zone）：注记排斥区，地物要素符号表达的区域，注记一般不应该进入此区域，一般是要素图形符号 0.2mm 的缓冲区。

④BFS（Background Feature Set）：背景要素集，注记周边的要素集合，包含需要计算拓扑关系的要素和需判断要素压盖情况的要素，各要素有优先级属性，也可以为空。

⑤ML（Map Label）：地图注记，以本书提出的地图注记表达模型进行表达。

⑥LCM（Label Configurate Model）：注记配置模式，为 Label Feature 计算 Map Label 的方法，及其评价模型 EM。

⑦EM（Evalute Model）：注记质量评价模型，对注记候选位置质量进行评分的函数，由 LCM 决定。

地图注记配置的过程是：根据待注记要素（LF）的特征，通过一定的模式匹配算法，选择相应的配置模式（LCM），从而确定其表达模型（ML）和质量评价模型（EM），最后采用配置模式提供的配置方法，计算地图注记表达模型中的候选位置，并根据质量评价模型对候选位置进行取舍和排序。

2.3.3　地图注记对象模型

地图注记对象是指计算机完成一次注记配置所涉及的所有因素的集合。本书采用面向对象的思想，将地图上需要注记的一个要素或要素集的各种特征（如要素类型、属性语义、图形符号特征）与动作（如注记配置、注记自适应调整）进行抽象，完成封装，称之为地图注记对象模型，其结构如图 2-12 所示。

地图注记对象模型可以看成待注记要素、注记配置模型和注记表达模型的聚合，是整个地图注记配置过程中的处理对象，是实现地图注记自动配置原型

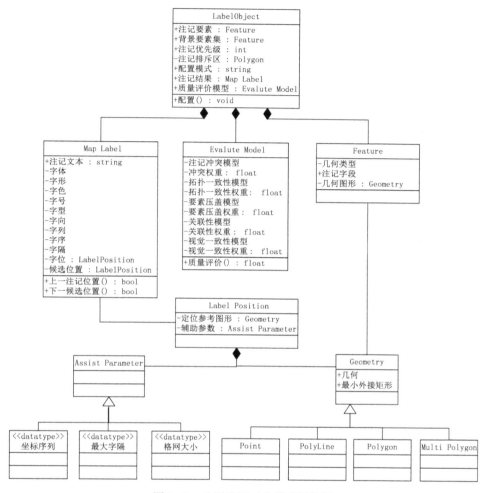

图 2-12　地图注记对象模型结构图

系统不可或缺的关键部分。

2.4　本章小结

本章从地图注记的本质内涵出发，分析了地图注记的标识、指示、模拟和转译四项功能，介绍了目前地图注记的分类方法以及相应的分类情况，并从地图注记的样式和布局两个方面阐述了设计地图注记时应考虑到的特征。

　　本章回顾了地图注记方法的历史与发展趋势，针对数字环境下地图注记配置方法特点，提出了基于规则引擎的地图注记自动配置的方法。并对这一过程中的相关问题进行建模。其中，地图注记表达模型包含了地图注记的位置、内容、样式和候选位置；注记配置模型是为地图注记配置方法所建立的模型；地图注记对象模型是在计算机中，采用面向对象的思想对注记配置过程的建模。

第三章　基于格式塔原理的地图注记评价模型

地图是科学作品和艺术作品的结合体，既要能正确地传递空间信息，还应能表现出地图的艺术性。因此，地图注记的配置不仅要让读图者易于理解空间信息，还应让读图者感受到最佳的视觉效果，保持地图注记与整幅地图的统一、和谐。地图注记的配置并不能完全"随心所欲""完全自由自在地表达"，它要受到一定的约束和限制。

视知觉的原理不但可以指导地图上注记的设计和位置的选择，同时也是判断地图注记位置好坏的主要依据。本书采用格式塔心理学原理作为视知觉原理，提取影响注记位置的 5 个独立因子，提出各因子的度量方法和量化公式，建立地图注记质量评价模型。

本书中所论述的地图注记的质量评价是指地图注记空间位置的质量评价，不涉及地图注记样式的评价。地图注记质量评价函数既可以为注记候选位置的排序提供依据，又可以作为注记优化算法中要求的目标函数或适应度函数。

3.1　格式塔心理学概述

3.1.1　背景介绍

著名的心理学家艾宾浩斯对心理学的发展有一个恰如其分的概括："心理学有一长期的过去，仅有一个短期的历史。"直到 19 世纪中期，经过两千多年在哲学内部的酝酿之后，心理学才以哲学为之累积的心理事实材料作为研究对象，利用生理学和生物学为之准备的基础知识和研究方法，成为一门独立的科学。

《生理心理学原理》的出版与莱比锡大学创建全世界第一个心理实验室标志着心理学的诞生。墨菲(Murphy)曾经说过："在冯特出版《生理心理学原理》与创建他的实验室以前，心理学像个流浪儿，一会儿敲敲生理学的门，一会儿敲敲伦理学的门，一会儿敲敲认识论的门。1879 年，它才成为一门实验科学。

有了一个安身之所和一个名字"。冯特的功绩在于形成了一个心理学体系并使心理学成为一门实验的形式上科学的心理学。

心理学的主要派别可以分为两个部分，一个是现代心理学的主要派别，另一个则是当代心理学的主要派别，如图 3-1 所示。格式塔心理学属于现代心理学。

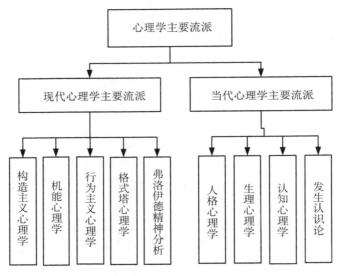

图 3-1　心理学主要流派结构图

3.1.2　格式塔心理学简介

"格式塔"是德文"整体"的译音。"格式塔"（gestalt）一词具有两种含义：一种含义是指形状或形式，亦即物体的性质，在这个意义上说，格式塔意即"形式"；另一种含义是指一个具体的实体和它具有一种特殊形状或形式的特征。综合上述，两种含义，它似乎意指物体及其形式和特征，但是，它不能译为"structure"（结构或构造）。考夫卡曾指出："这个名词不得译为英文 structure，因为构造主义和机能主义争论的结果，structure 在英美心理学界已得到了很明确而很不同的含义了。"因此，考夫卡采用了 E. B. 铁钦纳（E. B. Titchener）对"structure"的译文"configuration"，中文译为"完形"。所以，在我国，格式塔心理学又译为完形心理学。

格式塔这个术语起始于视觉领域的研究，但它又不限于视觉领域，甚至不限于整个感觉领域，其应用范围远远超过感觉经验的限度。柯勒认为，形状意义上的"格式塔"已不再是格式塔心理学家们的注意中心，根据这个概念的功能定义，它可以包括学习、回忆、志向、情绪、思维、运动等过程。广义地说，格式塔心理学家们用"格式塔"这个术语研究心理学的整个领域。

格式塔心理学的创始人有德国的韦特海默、考夫卡和柯勒。格式塔心理学主要研究知觉和意识，其目的在于探究知觉意识的心理组织历程。格式塔心理学强调的是：知觉经验虽来自外在的刺激，各个刺激可能是分离零散的，而人由之所得到的知觉却是有组织的。对结构主义者而言，各元素之和等于意识之总体；对行为主义者而言，各反应之和等于行为之整体；但对格式塔心理学者而言，部分之和不等于整体，而是整体大于部分之和。整体大于部分之和的原因是在集知觉而成意识时，多加了一层心理组织，所以，知觉的心理组织才是最重要的。格式塔心理学很重视心理学实验，他们在知觉、学习、思维等方面开展了大量的实验研究，这些研究也为后来的认知心理学的发展奠定了基础。在格式塔心理学的基础上，勒温用拓扑学、动力学以及向量分析的概念来解释心理现象，从而创建了拓扑心理学，丰富和发展了格式塔理论。

3.1.3 格式塔视知觉组织原则

纯粹的感觉在实际生活中是很少的，一般而言，感觉和知觉总是联系在一起，单纯的感觉很少。知觉通常是由多种感官联合活动而产生的。当客观刺激物主要从视觉器官被知觉的时候，即当视觉器官活动在整个知觉过程中起主导作用的时候，就称为视知觉。早在1933年，一个百科全书的编撰者能够找出114条格式塔原则（波林，高觉敷，1981）。

视知觉中的组织活动不是任意的，它存在着自身特有的规律，这就是所谓的视知觉组织原则，视知觉组织原则是格式塔心理学家们经过四十年的研究和实验得出的结果。格式塔心理学家通过大量的视知觉实验，提出了部分构成整体的组合原则，主要是指某些部分之间的关系看上去比另一部分之间的关系更加密切的规律。现把它们归纳为以下几个原则：

（1）相近组合原则（proximity）

相近组合原则是指空间距离相近的物体容易被视知觉组织在一起。当然，相近组合原则不限于空间视觉方面，也可以在时间和听觉等方面。例如，按不同规则的时间间隔发生的一系列轻拍声中，在时间上相近的响声倾向于组合在一起。

　　图 3-2(a)和图 3-2(b)都是相近组合原则的实例,我们容易把图 3-2(a)中的视知觉为四组以小圆圈所组成的线段,并且两两一组,而很少会看成单独的,彼此无关的 32 个小圆圈。我们容易把图 3-2 中的(b)看成三组黑点的组合,而很少看成单独的,彼此无关的 10 个点。

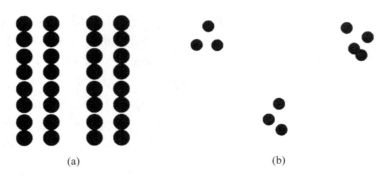

(a)　　　　　　　　　　　(b)

图 3-2　相近组合原则

（2）相似组合原则(similarity)

　　相似组合原则是指在形状方面相同或相似的,以及在大小、亮度和色彩方面相同或相似的图形容易被组织在一起。而其中形状的相似,又可以分为两种情况:一种就是两个图形属同一族类;而另一种则是图形在骨架上相似。

　　如图 3-3(a)所示,各部分的距离相等,但各部分之间的大小有差异。那么大小相同的部分就自然组合成为整体。如图 3-3 (b)所示各部分的距离相等,但各部分之间的颜色有差异,那么颜色相同的部分就自然组合成为整体。观察者容易将该图看作横排,而非竖排。这说明相似的部分容易组成整体。

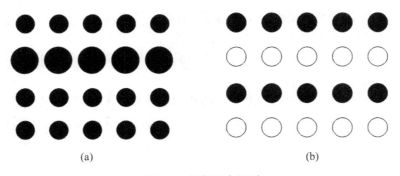

(a)　　　　　　　　　　　(b)

图 3-3　相似组合原则

（3）连续组合原则（continuity）

连续组合原则是指具有连续性或共同运动方向等特点的刺激容易被看成一个整体，如图 3-4 中人们容易把曲线（图 3-4（a））视知觉成一个方波图形加波浪形曲线（图 3-4（b）），而不容易把它们视知觉成图 3-4(c)那样的两条曲线的叠加。如图 3-5 中人们容易把图中曲线(a)看成(b)曲线和(c)直线叠加，而不会看成(d)曲线和(e)曲线叠加。

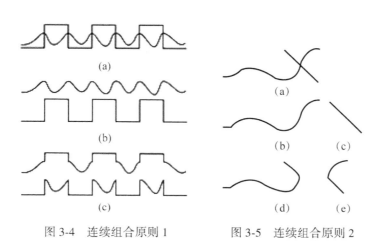

图 3-4　连续组合原则 1　　　图 3-5　连续组合原则 2

（4）封闭性原则（closure）

封闭性原则是指人们倾向于将缺损的轮廓加以补充，使视知觉成为一个完整的封闭图形。人的视知觉之所以能够把当前事物中缺损的东西在主观上进行补充，是因为人对客观事物的视知觉是一个统一的整体，并能够把客观事物的各个部分的联系储存在我们的大脑中。当客观事物再一次被视知觉的时候，人会对来自感觉的信息进行加工处理，对当前的客观事物中缺少的东西，根据经验在主观上对当前的客观事物进行补充、修正和改组。

如图 3-6(a)的图形虽然有缺口，可是很容易被视知觉成由十个小圆圈组成一个圆形。图 3-6(b)的图形可以很容易被视知觉为一个白色的三角形压在一个圆廓三角形上，并感觉这个白色的三角形比周围更亮些。

（5）共同趋势组合原则（common fate）

如图 3-7 所示，可以把每横排的三个带箭头的圆圈看为一个整体。另外，艺术家在设计舞蹈动作时常利用此原则。特别是在大型集体舞的情况下，将遵

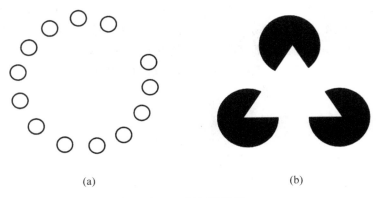

(a)　　　　　　　　　　　　　(b)

图 3-6　封闭性原则

循同样路线动作的人组合在一起，使纷繁的变化成为一种迷人的和复杂的活动整体。

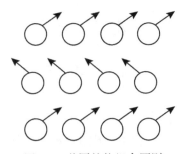

图 3-7　共同趋势组合原则

（6）好图形（ good figure）

一个好图形就是结合得很好的图形，也就是形成一个好图形（或完形）的刺激将具有组合的倾向。好图形一般是同一刺激显示的各种可能的组合中最有意义的图形。构成好图形的具体因素有五条：①连续；②对称；③平衡；④平行；⑤封闭。如图 3-8 和图 3-9 分别表达了好图形的对称因素和平行因素。

根据前文的研究，地图注记的配置分为样式的设计和布局的配置。上述格式塔视知觉组合原则中的色彩相似性原则、共同趋势原则用于指导地图注记样式的设计（如注记字色、注记字体、注记字列），而其他原则可作为对地图注记位置质量评价的理论依据。

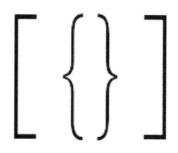
图 3-8 好图形的对称因素

图 3-9 好图形的平行因素

3.2　地图注记配置的总体原则

　　尽管地图注记配置方法和模式各不相同，但在配置过程中也有一些需要共同遵循的原则，主要包括以下原则：

　　①含义正确性原则：注记的名称应采用规范名称，一方面所使用的汉语文字应符合国家通用语言文字的规范和标准，另一方面注记应避免与邻近注记发生近似于直线的连续性布局，造成含义表达错误。此外，在我国地图制作中使用到地方字还应在附注内注明其汉语拼音和读音。

　　②指代明确性(无歧义性)原则：注记的配置应能让读图者明确地提取出其指代的地物要素，应避免与周边其他要素发生指代歧义的现象。歧义性产生的原因一般在于注记与多个同类型要素距离相当，往往出现于同类要素密度较大的时候，如稠密型点状要素。

　　③易读性原则：注记的配置应遵循读图者的阅读习惯。一方面注记的样式设计在表达不同要素类型或同一类型不同等级的地物时应有所差异，另一方面注记的布局排列应符合地图使用者的民族习惯，如我国读者的阅读习惯一般是由左至右。

　　④和谐性原则：注记的配置应不影响地图对其他内容的表达，并与之保持较好的和谐性。对地图注记样式的设计来说，应选择与地图符号设计相符的色彩，并保持统一的注记风格；对地图注记的布局来说，应尽量不压盖其他地物要素或地貌特征明显的区域，注记的位置应尽量选择周边点要素稀少，曲线比

较平直的地方。

⑤拓扑一致性原则：注记的位置应保持其指代的地物要素的地图符号与其他地物要素地图符号的空间方位关系一致性。如地物要素在河流的左岸，注记也应配置在该河流的左岸。同时注记的布局也应满足拓扑一致性，如线状要素的注记应保持在线状要素的同一侧。

⑥美学平衡性原则：地图作为一种视觉产品是为有效地传输地图信息而产生的，其设计过程中丰富的美学因素有助于读图者对地图内容的理解和接受。地图注记的配置应保持全图的美学平衡性。注记样式设计时应适当地选择字形、样式、颜色及大小，使其醒目美观且匀称；注记布局设计时字距应平均分配，且字距不宜过大。

⑦取重舍轻原则：地图是简化地理空间信息的产物，地图上可容纳注记的空间有限，因此，注记应依其重要性进行适度的取舍，具体体现在地物等级与类别，同时还应参照人文知名度、其他属性数据及对其他注记配置的制约性等多方面综合考虑。

3.3 影响注记位置质量的因素

影响注记配置位置的因素很多，结合前文所述的地图注记配置的总体原则及格式塔视知觉组合原则，选取 5 个独立的因素进行了形式化描述并给出度量方法。各因素描述如下：

（1）注记冲突

注记冲突是用来描述注记与注记之间的压盖情况。在地图注记配置过程中，注记冲突是最为严重的问题。因为注记冲突的存在会严重影响地图注记的易读性、和谐性、美学平衡性等原则，直接妨碍地图信息的传达。

在对地图注记位置质量进行评价时，注记冲突是不可接受的。因此，地图注记质量评价模型对地图注记是否存在冲突进行评分。

（2）拓扑一致性

拓扑一致性用来描述注记与其所标注的地物要素同特定地物要素的拓扑关系是否满足拓扑一致性。并非与所有的地物要素进行判断，一般与不连通地物要素进行判断，如河流、道路、行政区划。如果地物要素周边不存在需要进行拓扑一致性判断的要素，可以不考虑本因素。

拓扑关系是不考虑度量和方向的空间物体之间的空间关系（郭仁忠，2001）。拓扑学并不解决单个要素"有多长""有多大"这类问题，只是回答两个要素之间诸如："A 在 B 的里面还是外面？左边还是右边？""A 和 B 是相交、相邻还是相离"这类空间关系的问题。

Egenhofer 和 Franzosa 以点集拓扑学理论为工具，描述了一切可能的空间物体间的拓扑关系（Egenhofer，Franzosa，2006）。他们将任意一个要素看成由边界和内域构成，将两个要素的拓扑关系用一个四元组来描述，即

$$\partial A \cap \partial B, \partial A \cap B^\circ, A^\circ \cap \partial B, A^\circ \cap B^\circ$$

这样就能很容易地计算出 A，B 的拓扑关系一共有 $2^4 = 16$ 种。然而，这 16 种关系中有些关系是没有意义的，有些关系是无法描述的，如对偶关系。孙玉国在此基础上，引入了集合 A 的余 $\overline{A}$，提出了一个 9 元组的描述方法（孙玉国，1993）：

$$\partial A \cap \partial B, \partial A \cap B^\circ, \partial A \cap \overline{B}, A^\circ \cap \partial B, A^\circ \cap B^\circ, A^\circ \cap \overline{B}, \overline{A} \cap \partial, \overline{A} \cap B^\circ, \overline{A} \cap \overline{B}$$

这样，A，B 的拓扑关系将有 $2^9 = 512$ 种。事实上，这 512 种拓扑关系并不全部存在。

无论是 Egenhofer 等人的研究还是孙玉国的工作，在描述空间拓扑关系方面都属于理论方面的研究成果。在实际应用中，Wagner 将拓扑关系概括成 4 种类型，即相邻（$A \mid B$）、相离（$A \mid\mid B$）、严格包含（$A < B$）和相交（$A \times B$）（Wagner，1988），如图 3-10 所示。

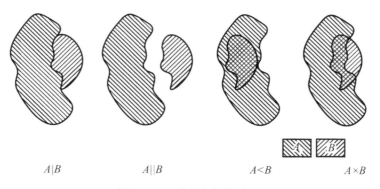

$A \mid B$	$A \mid\mid B$	$A < B$	$A \times B$

图 3-10　4 种基本拓扑关系

郭仁忠认为拓扑关系的分类是基于点、线、面三类几何物体的，他将拓扑关系的计算归结为点、线、面关系的计算，并提出了具体的计算公式（郭仁忠，2000）。

本书中提出的地图注记评价模型仅对点定位注记采用拓扑一致性的评价因

子。因此，只需进行点、线关系和点、面关系的计算。而根据制图规范的要求，注记与要素应同处于一条线状要素（如道路或河流）的同侧，且同处于一个面状要素（如行政区划）的内部。点、线关系的计算只需考虑注记在线要素的左边还是右边，点面关系的计算只需考虑点在面的内部还是外部。

（3）要素压盖

要素压盖是用来描述注记与地物要素之间的压盖程度。同一地图注记与不同的地物要素的压盖影响是所差异的。这取决于地物要素的重要性和地物要素符号图形的色彩。要素压盖在地图注记配置过程中是不可避免的，一般选择压盖重要性较低的要素和与注记色彩不冲突的要素。

地图注记质量评价模型将对地图注记压盖的要素的重要性以及压盖程度进行评分。

（4）注记-要素关联性

注记-要素关联性用来描述注记与所标注的地物要素之间的关联程度，是注记质量评价的一个重要评价因子。根据格式塔视知觉组织原则中的相近组合原则、相似组合原则和封闭性原则，本研究将注记-要素关联性的因素分为距离因子、相似性因子和歧义性因子：

①距离因子：用于描述注记与地物要素之间的距离，一般说来，注记与所标注的地物要素距离越近，关联性越好。

②相似性因子：用来描述线定位注记与地物要素形态特征的相似程度，地图注记应按地物要素的自然形状排列注出。除了定位线与地物形态特征相似之外，字序与地物要素的延伸方向也可能存在一致性的评价。

③歧义性因子：用来描述注记与其他同类地物要素发生歧义的可能性大小，当注记与其他同类地物要素的距离更近时，注记的歧义性越大。

地图注记质量评价模型将根据地物要素的类型和注记表达模型，对上述3个因子进行相应的取舍和加权组合，从而对地图注记与所标注的地物要素之间的关联程度进行评分。

（5）视觉方向一致性

视觉方向一致性，又称位置优先性，用来描述注记与地物要素的相对空间方位与读图者阅读习惯的一致程度。根据我国的阅读习惯，看到要素符号图形之后首先会在符号的右边寻找其注记，其次上边，再次下边，最后是左边。

地图注记质量评价模型将对地图注记方向与视觉主方向一致性进行评分。

3.4 单项评价指标的评价模型

地图注记质量评价模型采用多指标综合评分体系描述质量评分函数，为每个评价指标定义"理想"和"可接受"两种状态。"理想"状态得分为 1，"可接受"状态的临界得分为 0，单个评价指标的值域为 (0.0，1.0]。如某个单项指标得分小于等于 0，则表示该注记位置不可接受，综合评分可直接评定为 0。单项指标得分高于 1.0 时按 1.0 参与计算。最终得分根据配置模式中各评价指标的权重进行综合计算。同时，评分函数的值只有相对意义，没有绝对意义。

为了便于表达，先介绍公式中出现的各类运算符，其含义如下：

①A(Label)：注记 Label 的文本框的面积，对于线定位注记为各字符文本框面积之和；

②A(Feature)：要素 Feature 的图形符号的外接轮廓的面积；

③D(Label，F)：注记 L 与要素 F 地图符号外轮廓线之间的最短欧几里得距离；点定位注记和面定位注记取文本框参与计算，线定位注记取定位线参与计算；

④D(L_1，L_2)：注记 L_1 与注记 L_2 之间的最短距离；点定位注记和面定位注记取文本框参与计算，线定位注记取各字符文本框组参与计算；

⑤$B(L)$：注记的文本框几何图形，点定位注记和面定位注记一般为一个多边形，线定位注记一般为一个多边形；

⑥Space$Q$(g，S)：一个空间索引函数，g 为表达空间范围的集合图形，S 为索引的类型(包括注记、地物要素等)，如果没有索引到该类型要素则返回 null。

⑦Topo(L/F，BF)：拓扑关系计算，BF 为参考要素(河流、道路、行政区划等)，L/F 为注记或标注的地物要素。

基于上述运算，各单项评价指标的评价模型如下：

(1)注记冲突评价模型

注记冲突评价模型既是单个注记配置质量评价中最常用的一个评分因子，也是总体地图注记冲突检测常用的一个工具。

判断单个注记是否与其他注记相冲突的传统方法是将注记与其他所有注记进行几何运算(或求交，或求距离)，如公式(3-1)。其运算量巨大，严重制约了注记配置效率。

53

$$E_{\text{冲突}}(L_j) = \begin{cases} 1 & \text{if}(\forall i,\ 0 < i < n,\ i \neq j,\ D(L_i,\ L_j) > 0) \\ 0 & \text{else} \end{cases} \tag{3-1}$$

本书采取空间索引的方法来判断注记与注记、注记与要素是否压盖。大大缩短了判断时间，提高了算法的效率。

其评分公式为

$$E_{\text{冲突}}(L) = \begin{cases} 1 & \text{if}(\text{Space}Q(\text{B(L)},\ \text{Label}) == \text{null}) \\ 0 & \text{else} \end{cases} \tag{3-2}$$

（2）拓扑一致性评价模型

拓扑一致性评价模型主要用于点定位注记的评价模型中，对背景要素中存在需要进行拓扑判断的要素（河流、道路、行政区划等）的注记进行拓扑关系一致性检查，以评价其拓扑一致性，计算公式如下：

$$E_{\text{拓扑一致}}(L) = \begin{cases} 1 & \text{if}(\forall i,\ 0 < i < n,\ \text{Topo}(L,\ \text{BF}_i) == \text{Topo}(F,\ \text{BF}_i)) \\ 0 & \text{else} \end{cases}$$

$$\tag{3-3}$$

（3）要素压盖评价模型

一般而言，注记应尽量避免压盖地物要素，尤其是重要性高的地物要素。同时，一个注记位置可能压盖多种地物要素。因此，将注记要素压盖评分公式分为两个层次，第一个层次用于体现地物要素的重要性，第二个层次用于体现该地物要素的压盖程度。前者是定性评价，根据地物要素的重要性取相应的压盖权重系数；后者是定量评价，根据注记与要素的压盖面积进行评价。

对于第一个层次是否凌驾于第二个层次之上，不同类型地图的制作采取的方法是不一样的。如地形图的制作，制图者往往认为重要的地物要素凌驾于次要地物要素之上，也就是说宁可压盖更多的次要地物要素，也不应该压盖重要地物要素。其评分公式为

$$E_{\text{压盖1}}(L) = \begin{cases} 1 & \text{if}(\text{Space}Q(\text{B(L)},\ \text{Feature}) == \text{null}) \\ 1 - \max_{0 \leqslant i \leqslant n} W(\text{BF}_i) \mid A(L \cap \text{BF}_i)/A(L) \end{cases} \tag{3-4}$$

而对于一些更追求美学平衡性的地图（如旅游图）的制作，制图者可能认为这两个层次同等重要，其评分公式为

$$E_{\text{压盖2}}(L) = \begin{cases} 1 & \text{if}(\text{Space}Q(\text{B(L)},\ \text{Feature}) == \text{null}) \\ 1 - \sum W(\text{BF}_i) \cdot A(L \cap \text{BF}_i)/A(L) \end{cases} \tag{3-5}$$

还有一种折中的方法，即取权重与压盖面积的积的最大值进行评价，其评分公式为

$$E_{压盖3}(L) = \begin{cases} 1 & \text{if}(SpaceQ(B(L)，Feature) == null) \\ 1 - \max_{0 \leqslant i \leqslant n}\{W(BF_i) \cdot A(L \cap BF_i)/A(L)\} \end{cases} \tag{3-6}$$

式中，$W(BF_i)$ 为与注记 L 存在压盖关系的第 i 个要素的重要性权重值，对于那些允许被压盖的要素，该值为 0，$A(L \cap BF_i)$ 为注记 L 压盖该要素的面积。

（4）注记-要素关联性评价模型

地图注记关联性评价模型是对以下 3 个关联因子的评价值进行取舍、加权计算得到的，3 个关联因子的评分公式分别为

• 距离因子　采用注记与地物要素之间的距离进行衡量，同时定义最大关联距离（δ_{max}）为可接受值，其计算公式为

$$E_{距离}(L) = 1 - D(L，F)/\delta_{max} \tag{3-7}$$

• 相似性因子　主要用于线定位注记的质量评价模型中。分布形态与地物要素形态相似度高的注记的定位线各段与要素的距离应大致相同，采用各段距离平均方差与距离极值差的比进行衡量，其计算公式为

$$E_{相似}(L) = 1 - \frac{\sqrt{\sum_{i}^{n}(D_i - \overline{D})^2/n}}{D_{max} - D_{min}} \tag{3-8}$$

• 歧义性因子　主要用于点定位注记的质量评价模型中。将注记同地物要素之间的距离与注记同其他同类要素（BSF_i）之间的最小距离进行比较，如果前者小则视为理想状态，如果两者相等，则视为歧义最大。其计算公式为

$$E_{歧义}(L) = 1 - \frac{D(L，F) - \min_{i} D(L，BSF_i)}{\delta_{max}} \tag{3-9}$$

（5）视觉方向一致性评价模型

视觉方向一致性评价模型是针对点定位注记的一个评价模型，视觉方向一致性由定位点指向注记文本框中心的向量与视觉习惯方向的夹角进行衡量，视觉方向一般为多个，但有优先级顺序。此类地图注记没有不可接受的解，以 4 个主方向为例，其评分公式为

$$E_{视觉方向}(L) = \begin{cases} 1 & \theta \in [0，45°) \cup [315°，360°] \\ 0.5 & \theta \in [45°，135°) \\ 0.75 & \theta \in [135°，225°) \\ 0.25 & \theta \in [225°，315°) \end{cases} \tag{3-10}$$

3.5 地图注记质量综合评价模型

地图注记质量评价分为单个地图注记的质量评价和整幅地图注记的质量评价。前者可以理解为各单项评价指标评分值通过乘以权重系数再求和得到总的质量评价值见式(3-11)；后者是在前者的基础上，以注记优先级为权重系数进行加权平均得到的一个评价值，如式(3-12)所示：

$$E(L) = W_{冲突} \cdot E_{冲突}(L) + W_{拓扑一致} \cdot E_{拓扑一致}(L) + W_{压盖} \cdot E_{压盖}(L) +$$
$$W_{关联} \cdot E_{关联}(L) + W_{视觉方向} \cdot E_{视觉方向}(L) \tag{3-11}$$

$$E = \sum_{i}^{n} W_i \cdot E(L_i) / n \tag{3-12}$$

各权重因子定义如下：

$W_{冲突}$：注记与注记冲突权重，定义注记冲突评价因素在注记评价方案中所占的比重。

$W_{拓扑一致}$：注记的拓扑一致性权重，定义注记视觉方向性评价因素在注记评价方案中所占的比重。对于不需要考虑此因素的评价模型可取0。

$W_{压盖}$：注记与要素压盖权重，定义注记与要素压盖评价因素在注记评价方案中所占的比重。

$W_{关联}$：注记-要素关联权重，定义注记关联性评价因素在注记评价方案中所占的比重。

$W_{视觉方向}$：注记的视觉方向一致性权重，定义注记视觉方向性评价因素在注记评价方案中所占的比重。对于不需要考虑此因素的评价模型可取0。

各权重因子为0~1之间的一个实数，且之和为1。即 $W_{冲突} + W_{拓扑一致} + W_{压盖} + W_{关联} + W_{视觉方向} = 1$。一般而言，还存在着 $W_{冲突} \gg W_{拓扑一致} \gg W_{压盖} \gg W_{关联} \gg W_{视觉方向}$。因为在任何地图的制作过程中没有注记冲突，但存在其他缺陷(如不美观)是可以接受的，反之则不然。

3.6 本章小结

本章从格式塔心理学的产生背景出发，重点分析和探讨了格式塔心理学的"整体不等于部分的总和"核心理论，阐述了影响地图注记配置的几个格式塔视知觉组织原则。结合地图注记配置的通用原则，提取了影响地图注记位置质量的5个评价因子及其度量方法。最后，采用对各评价因子加权处理的方法建立了基于格式塔原理的地图注记评价模型。

第四章　地图注记配置模式

地图注记配置模式是指针对单个地物要素实体，遵循注记配置规则，根据地物要素的类型、属性和符号图形特征等，采取的适当配置方法，包括注记表达模型的确定，参考定位图形的计算等。每种注记配置模式遵循一致的注记配置规则，待注记的地物要素形态特征相似，注记表达模型和评价函数相同。

一般而言，一幅地图上地物要素种类繁多，且各地物要素实体特征差异很大，往往需要灵活使用多种注记配置模式才能达到理想的效果。基于大量文献阅读和地图生产实践经验，本书分析了影响地图注记位置的地物要素符号图形变量，提出了 8 种地图注记配置模式。

4.1　影响地图注记位置的要素符号图形变量

绝大多数地图是视觉产品。几乎所有的地图内容都要通过读者的视觉被感受。能引起视觉差别的最基本的图形和色彩变化因素称为"视觉变量"或"图形变量"，这也是地图注记配置模式的决定性因素。

视觉变量的概念最早由法国地图制图学家兼图表信息传输专家贝尔廷于 1967 年在他所发表的《图形符号学》(*Semiologie Graphique*)论著中提出，贝尔廷根据地图符号的构图规律，提出了地图符号的 6 种视觉变量：形状、尺寸、色彩、亮度、方向和纹理（Bertin，1967）。在此后的 20 多年中，各国地图学家也对地图符号的视觉变量提出了各自的见解，其中较著名的有美国地图学家罗宾逊等提出的"基本图形要素"：形状、尺寸、色相、亮度、间距、方向和位置（罗宾逊，塞尔，等，1989）。苏联地图学家萨里谢夫提出的用于区别符号特征的绘图方法：形状、尺寸、方向、色彩和内部结构（萨里谢夫，李道义，王兆彬，1982）；莫里森提出的构成地图符号的 8 个地图符号维数：尺寸、形状、色相、色值、色强度、图案排列、图案方向和图案纹理（Morrison，1974）。英国地图学家 Board 则用制图字母的概念代替视觉变量，他提出的制图字母是形状，尺寸，色彩(色相、饱和度、亮度)，图案(方向、排列)和纹理（Board，1967）。蔡孟裔认为视觉变量的基本要素包括形状、尺寸、方向、颜色和网纹（蔡孟裔，田德森，2004）。

地物要素符号的色彩、亮度等与颜色相关的视觉变量对地图注记样式设计影响较大；地物要素符号的形状、尺寸、方向等图形符号特征变量对地图注记的布局设计影响较大。从地图注记配置的角度出发，本研究认为影响地图注记配置方法的地物要素的图形符号特征变量有形状、尺寸和对称性。

（1）形状

形状变量是线状要素和面状要素特有的形态特征因素，对于地物要素单个实体而言，是在视觉上区别其他实体的重要因素。对于同类别要素而言，形状变量是决定个体采取何种注记方法的根本因素。对于线状要素，形状是指构成线的点的相对关系，主要的形状因子是单调性因子；对于面状要素和散列式要素群，形状是指外轮廓线的形状；主要形状因子有单调性因子和紧凑度因子。

①单调性因子（Monotonicity）：对于线状要素，用于表达线状要素的曲折程度；对于面状要素，用于表达面状要素是否存在凹陷。采取一个布尔值衡量："真"表示单调，"假"表示非单调。对于线状要素，具体方法为曲线上的各点到直线段的垂线，如果每条垂线与曲线的交点个数都等于1，那么判定该曲线单调性因子为"真"，否则为"假"。如图4-1(a)、(b)所示。对于多边形，具体方法是取多边形方向上的两个极值点（水平方向为极左点和极右点，垂直方向为极上点和极下点），将多边形分成2条曲线，如果两条曲线均为单调曲线，则判定该多边形单调性因子为真，否则为假，如图4-1(c)、(d)所示。

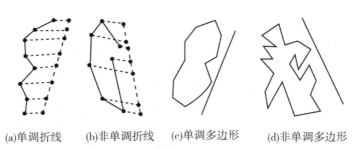

(a)单调折线   (b)非单调折线   (c)单调多边形   (d)非单调多边形

图4-1 折线和多边形的单调性

曲线单调性计算公式：

$$\text{Monotonicity}(L) = \begin{cases} \text{true} & \forall i \ \text{Cout}(\text{Vertical}(\text{Point}_i), L) \geqslant 2 \\ \text{false} & \text{else} \end{cases} \quad (4\text{-}1)$$

其中，Cout(Vertical(Point$_i$)，L)为曲线 L 上第 i 个点到首尾点直线段的垂线与曲线 L 的交点的个数。

②紧凑度因子(Compactness)：面域特有的因子，用于表达面域的紧凑程度。通常，将圆视为最紧凑的特征形状，作为标准度量单位 1，其他任何形状区域的紧凑度均小于 1，离散程度越大，其紧凑度越低。

设面域的面积为 A，周长为 P，则面域的紧凑度因子计算公式为

$$\text{Compactness} = 2 \cdot \sqrt{\pi A} / P \tag{4-2}$$

（2）尺寸(Size)

尺寸是指地物要素的大小，采取地物要素的最小外接矩形 MinRect 与注记文本框的面积比进行量化。计算公式为

$$\text{Size} = \frac{\text{Area}(\text{MinRect})}{\text{Area}(\text{label})} \tag{4-3}$$

对于点状要素，取其地图符号的轮廓线的最小外接矩形进行计算。

（3）对称性(Symmetry)

对称性是面状要素特有的形态特征因素，是指地物要素相对其中轴线的对称情况。以多边形的形心为原点，延伸出水平中轴线和垂直中轴线，将域分成四个子域，如果四个子域面积相当，则认为该多边形对称性好，否则认为其对称性差。采用四个子域的面积方差与面积的比进行衡量，其计算公式为

$$\text{Symmetry} = 1 - \frac{\sqrt{\sum_{i}^{4} (A_i - \overline{A})^2}}{A} \tag{4-4}$$

4.2 注记配置模式

注记配置模式是指要素或要素群配置的具体方法，包括：注记表达模型的选择，注记定位参考图形的计算，注记候选位置的表达，注记质量评价模型。结合我国地图生产实践，本书将地图注记配置问题归纳成如下 8 种配置模式：点注记配置模式、线-点注记配置模式、平行线注记配置模式、缓冲线注记配置模式、中轴线注记配置模式、主骨架线注记配置模式、凸壳注记配置模式、散列式注记配置模式。其中，前 7 种为基本配置模式，最后 1 种为组合配置模式。

7 种基本配置模式注记质量评价模型中所包含的各子模型的权重见表 4-1。

表 4-1　　　　　　　　基本注记配置模式中注记质量评价子模型权重表

注记模式	$W_{冲突}$	$W_{拓扑一致}$	$W_{压盖}$	$W_{关联}$	$W_{视觉方向}$
点注记配置模式	0.5	0.1	0.1	0.1	0.2
线-点注记配置模式	0.5	※	0.5	※	※
平行线注记配置模式	0.5	※	0.3	0.1	0.1
缓冲线注记配置模式	0.5	※	0.3	0.1	0.1
中轴线注记配置模式	1	※	※	※	※
主骨架线注记配置模式	1	※	※	※	※
凸壳注记配置模式	0.5	0.1	0.2	0.2	※

注：表中参数值为实践经验值，为注记配置规则，可通过规则库进行调整。※表示质量评价模型不包含此子模型。

4.2.1　点注记配置模式

点注记配置模式是针对地图上视觉感受为点的地物要素进行注记配置的一种模式。采取点定位注记方法，主要适用于点状要素和尺寸小的面状要素。旨在将注记配置在离要素最近、不影响要素的地图符号表达、与其他同类要素不发生歧义、与读图习惯相符的方位。

点注记配置模式的配置参数有最大注记关联距离（δ_{max}）、主方向个数（Direct-Count），如图 4-2 所示。其中，主方向是指注记位置与定位点之间的相对空间位置，主方向个数决定了地图注记配置的精细程度。候选位置最终要用于地图注记的优化算法，其个数决定了优化算法的复杂度：候选位置越多优化算法越复杂，配置时间越长，可行解越多，配置效果应该越理想。本模式下候选位置的数目与地物要素的自由度有关。

点注记配置模式下的候选位置质量评价模型包含了注记冲突模型、拓扑一致性模型、要素压盖模型、视觉一致性模型和关联模型。各模型的权重因子见表 4-1。

除了注记配置的通用规则之外，点注记配置模式的要求和规则有：

①采取水平或垂直字列，接近字隔；

②注记位置应该配置在注记排斥区以外，尽量靠近定位点的位置，且与地物要素的距离小于最大注记关联距离；

③注记的候选位置应尽量满足我国读图者的阅读习惯；

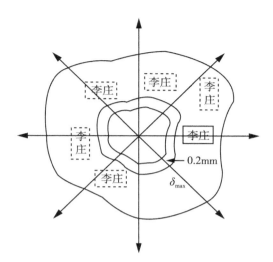

图 4-2　点注记配置模式

④主方向的优先级应满足读图者的阅读习惯。

点注记配置模式的配置过程为：

第一步，计算定位点坐标。

对于点状要素直接取该要素坐标作为定位点坐标；对于面状要素取其质心作为定位点坐标。

第二步，计算注记排斥区。

对于点状要素，注记排斥区为点状要素图形符号的外轮廓线往外 0.2mm 缓冲区；对于面状要素，注记排斥区为面状要素轮廓线往外 0.2mm 缓冲区。

第三步，计算注记范围线。

注记范围线是以最大注记关联距离所计算得到的注记排斥区的缓冲区。

第四步，计算空间自由度、候选位置数量（Candidate-Num）。

空间自由度是指要素周边可配置注记位置的空间大小。要素周边的要素（尤其是同类要素）越多，自由度越小，注记可配置的选择越少，注记可能受到周边环境（注记和要素）的影响越大，在调整时需要的候选位置更多。空间自由度为 0~1 之间的一个实数，计算方法如下：

$$\text{Freedom} = 1 - \frac{\text{Area(LFZ)} - \text{Area(BFS)}}{\text{Area}(\text{Buf}(F, \delta_{\max}))} \tag{4-5}$$

空间自由度与候选位置的数量关系见表 4-2。

表 4-2　　　　　　　　　空间自由度与候选位置数量对照表

空间自由度	≤0.3	(0.3, 0.5]	(0.5, 0.7]	(0.7, 0.9]	>0.9
候选位置数量	50	32	16	8	4

　　注：表中参数值为针对 1∶250 000 地形图制图经验得到的值，作为制图知识存储于地图注记配置知识库中，根据制图需求可以方便地调整。

　　第五步，计算候选位置。

　　根据配置规则，候选位置应尽量平均分布于主方向上，在单一主方向上，方位角 θ 的取值范围为该主方向相邻的两个主方向的夹角 $\propto$ ，长度 r 的取值范围为该方位上排斥区到范围线的距离。一般而言，长度 Lenth-Step 的调整步长为半个字号，方位角的调整步长 Angle-Step 由候选位置数量 Candidate-Num 和取值范围决定，如下式：

$$\text{Angle-Step} = \frac{\propto}{\left(\dfrac{\text{CandidateNum}}{\text{DirectCount}}\right)} \tag{4-6}$$

　　第六步，确定注记位置。

　　根据质量评价模型公式的得分，对候选位置进行排序，取评价质量较高的候选位置为注记位置。

4.2.2　线-点注记配置模式

　　线-点注记配置模式是针对地图上线状要素说明注记和数字注记的一种配置模式，如图 4-3 所示。采取点定位注记方法，主要适用于公路的技术等级和编号、等高线高程注记等。前者注记一般完全压盖在要素图形符号上，后者属于自然地貌要素类，注记等级最高。

图 4-3　线-点注记配置模式

　　除了注记配置的通用规则之外，线-点注记配置模式的要求和规则有：
　　①注记位置应该配置在线状要素中心线较为平坦的线段上，并且尽量压盖

线状要素图形符号；

②采取雁形字列，接近字隔，雁形方向角应与注记位置所在折线段的走向一致；

③字向与线状要素延伸方向垂直，朝向与阅读习惯一致。

线-点注记配置模式的过程为：

第一步，选择注记直线段。

将曲线各相邻点之间的直线段按长度进行排序，取最长的一段与注记矩形框的长度进行比较，如果长于等于矩形框长度，则进行第三步；否则进行第二步。

第二步，线状要素化简。

一般而言，在我国数据采集时为了保证精度，往往采取了一些冗余的坐标点。如果直接使用这些数据计算定位线，冗余点不仅造成计算量大，系统的效率低，而且使线状要素的形状十分复杂，增加了计算注记定位线和单调性分析的难度。所以，应该对线状要素进行形状化简。

线状要素化简算法有道格拉斯-普克法、垂距法和光栏法。通过实践分析，大多数情况下道格拉斯-普克法的压缩算法较好；垂距法算法简单，速度快，但有时会将曲线弯曲极值点化简掉而造成失真；光栏法具有方向性，即同一要素的首尾方向不同会导致化简结果不一致。本书采用道格拉斯-普克法对线状要素进行形状化简。

自 1973 年 Douglas-Peucker 提出了综合简化线状数据点的算法以来，道格拉斯-普克法一直是 GIS 平台中矢量数据压缩的一种主流方法，其基本思路是：对于每一条曲线的首末点需连一条直线，求所有点与直线的距离，并找出最大距离 d_{max}，并与限差 D 比较。若 $d_{max} < D$，这条曲线上的中间点全部舍去；若 $d_{max} \geq D$，保留 d_{max} 对应的坐标点，并以该点为界，把曲线分为两部分，对这两部分重复使用该方法。具体过程如图 4-4 所示。

显然，对线状要素进行形状化简后，大量的冗余坐标点和许多小弯曲都被删除，曲线的复杂性大大降低；减少了计算注记定位线的复杂度，可以提高系统的效率。化简的程度受限差 D 控制，通过调整限差 D 可以改变线划的简化程度，限差 D 越大，简化程度越大，整条曲线上的点减少得越多；限差 D 越小，简化程度越小，曲线上保留的点越多。根据配置规则中注记应压盖要素这一特征，取一个字号为限差 D。

第三步，选择注记位置。

取最长直线段，以其中点作为注记定位点，以其倾斜角作为注记的极

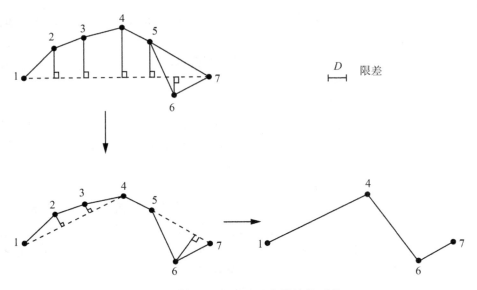

图 4-4　道格拉斯-普克法化简线状要素

角 θ ，注记极径 $\rho = 0$ 。

第四步，计算雁形字列方向角和字向。

雁形字列方向角取注记极角 θ 即可。字向方位角 $\alpha = \theta + 90°$ 。

4.2.3　平行线注记配置模式

平行线注记配置模式是针对地图上线状要素名称注记的一种配置模式。采取线定位注记方法，主要适用于单线河流、道路等名称注记。该模式是其他以线定位注记表达模型为结果的注记配置模式的基础。

平行线注记配置模式的配置参数有离线距离 d 、是否存在延伸方向。其中，离线距离是指定位线与线状要素的距离；是否存在延伸方向是指是否要求字序顺着要素延伸方向，如图 4-5 所示。

平行线注记配置模式下注记质量评价模型包含了注记冲突模型、要素压盖模型和关联模型。各模型的权重因子见表 4-1。

除了注记配置的通用规则之外，平行线注记配置模式的规则有：

①沿要素平行线定位，字向朝北；

②注记与要素保持适当的距离且基本一致；

③采取屈曲字列，隔离字隔，字隔基本相等；

图 4-5　平行线注记配置模式图例

④如果要素存在延伸方向，则采取与之一致的字序；

⑤线状要素较长时，可重复注记，分段间隔为 20~30mm；

⑥注记应在线状要素的同一侧。

平行线注记配置模式的配置过程为：

（1）线状要素化简

平行线注记配置模式下要素化简必不可少，其化简方法与线-点注记配置模式相同，只是道格拉斯-普克算法中限差 D 取定位线的离线距离。

（2）计算平行线

樊红等提出的基于角平分线求取平行线转点的方法来求取线状要素的左、右平行线，并解决了平行线自相交的问题。其基本思路是：

设线状要素中心线上的相邻三点索引为 $i-1$，i，$i+1$，其坐标分别为：$\langle X_{i-1}, Y_{i-1} \rangle$，$\langle X_i, Y_i \rangle$，$\langle X_{i+1}, Y_{i+1} \rangle$，平行线和中心线的距离取离线距离 d，点 $i-1$ 到点 i 的方向角为 α_1，点 i 到点 $i+1$ 的方向角为 α_2；在 i 点前进方向的左角为 ω。（当位于起点和终点时，$\omega = 180°$）i 到 i' 方向角为 α_0，如图 4-6 所示。

则点 i 的左平行线转点 i'' 和右平行线转点 i' 的坐标分别为

$$
\begin{cases}
x_{i'} = x_i + \dfrac{d \cdot \cos \alpha_0}{\sin(\omega/2)} \\[2mm]
y_{i'} = y_i + \dfrac{d \cdot \cos \alpha_0}{\sin(\omega/2)}
\end{cases}
\begin{cases}
x_{i''} = x_i - \dfrac{d \cdot \cos \alpha_0}{\sin(\omega/2)} \\[2mm]
y_{i''} = y_i - \dfrac{d \cdot \cos \alpha_0}{\sin(\omega/2)}
\end{cases}
\tag{4-7}
$$

其中，

$$
\omega = \begin{cases}
\alpha_1 - \alpha_2 + 180° & \alpha_1 - \alpha_2 + 180° < 0° \\
\alpha_1 - \alpha_2 + 540° & \alpha_1 - \alpha_2 + 180° > 360° \\
\alpha_1 - \alpha_2 - 180°
\end{cases}
\tag{4-8}
$$

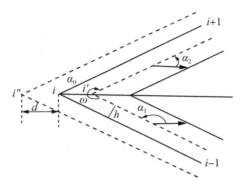

图 4-6 左右平行线求取示意图

$$\alpha_0 = \begin{cases} \alpha_2 + \omega/2 \\ \alpha_2 + \omega/2 - 360° & \alpha_2 + \omega/2 > 360° \end{cases} \tag{4-9}$$

在求曲线的平行线时，当轴线的弯曲空间不容许双线的边线无压盖地通过时，就会产生自相交情况，如图 4-7(a)所示。此时，若直接进行注记配置，则会导致注记字隔不固定，甚至字序错位等问题，严重违背了线状要素注记配置规则。因此，在求取平行线之后还应进行自相交的处理：将相交造成的环全部截掉即可，如图 4-7(b)所示。

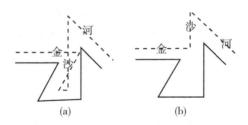

图 4-7 自相交处理示意图

该方法具有精度高，运行速度快等优点，但在尖锐角（≤ 45°）处，外平行线偏离较远，违背了注记定位线与要素距离一致的配置规则。针对这一情况，本书对尖锐角进行了修剪：在点 i 与外点 i′ 的直线段距点 i 距离为 d 处计算其垂线，垂线与外平行线相交于两点，截去外平行线垂线外的部分，用两点之间的直线段替代即可。如图 4-8 所示。

（3）确定注记字序

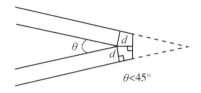

图 4-8 尖角处理示意图

如果注记参数中是否存在延伸方向性为真，那么字序为要素的延伸方向，即定位线的延伸方向与要素的延伸方向一致。否则，注记字序由线状要素的倾斜程度决定。

①计算线状要素平均倾斜角 θ。

线状要素平均倾斜角是指曲线上各线段的倾斜角按线段长度加权平均的角度。设曲线 L 由 n 个坐标构成（$n \geqslant 2$），点序列为：$L = (\langle X_1, Y_1 \rangle, \cdots, \langle X_i, Y_i \rangle, \cdots, \langle X_n, Y_n \rangle)$，$\theta_i$ 和 L_i 分别为 $\langle X_i, Y_i \rangle$ 和 $\langle X_{i+1}, Y_{i+1} \rangle$ 两点之间直线段的倾斜角和长度，L 为曲线 L 的总长度，则 L 的平均倾斜角计算公式为

$$\theta = \sum_{i=1}^{n-1} \theta_i \times L_i / L \tag{4-10}$$

②根据 θ 确定字序。

a. 当 $0° \leqslant \theta < 45°$ 或 $135° < \theta \leqslant 180°$ 时，线状要素从左向右进行注记配置；

b. 当 $135° \leqslant \theta \leqslant 180°$ 时，线状要素从上至下进行注记配置；

如果所计算出来的定位线延伸方向与上述不一致，则将定位线点序列倒置即可。

（4）选择定位线

当字序为从左向右时，取上平行线为定位线。上下平行线的识别方法是将平行线的平均纵坐标 $\overline{y'}$ 与线要素的平均纵坐标 $\overline{y}$ 进行比较：

①如果 $\overline{y'} > \overline{y}$，则该平行线为上平行线；

②如果 $\overline{y'} < \overline{y}$，则该平行线为下平行线；

③如果 $\overline{y'} = \overline{y}$，则取横坐标较大的为上平行线。

当字序为从上至下时，取右平行线为定位线。左右平行线的识别方法与上下平行线的识别方法类似，只是横纵坐标相互调整即可。

（5）计算重复注记次数和最大字隔

重复注记次数和字隔大小一般由曲线的长度决定，若线状要素很短或其显示在图幅上的长度很短，则应该采用较少的注记次数和较小的字隔；若显示在图幅上的长度较长时，则应采用较多的注记次数和较大的字隔。根据国家标准和实践经验，线状要素长度(图面单位)与注记次数以及最大字隔见表4-3。

表4-3　　　　　　　　　　　　最大字隔和注记次数对照表

线装要素图面长度 l(cm)	最大字隔(个)	注记次数(个)
$l \leq 20$	3	1
$20 < l \leq 30$	4	1
$30 < l \leq 40$	5	1~2
$40 < l \leq 60$	5	2
$60 < l \leq 90$	5	3

（6）分割定位线

根据注记重复配置次数将定位线分割成若干段，分割前对定位线进行特征分析，采取特征点或较短的特征点集中的段进行分割。分割定位线时，各段长度应尽量平均。

（7）定注记参数

根据线定位注记的特征，定位线取分割后的定位线，初始字隔 K 按表4-3取最大字隔即可。线定位模型可以自行完成其他参数的初始化。

4.2.4　缓冲线注记配置模式

缓冲线注记配置模式是针对地图上视觉感受为线的地物要素进行注记配置的一种模式。对于线状要素可以看作对平行线注记配置模式的一种补充，当线状要素特征点过于密集或线要素比较曲折时，平行线计算量大，且计算出来的平行线自相交的情况多，优化处理的结果会出现形态特征失真度高的情况。针对这类线状要素和狭长的(紧凑度低、尺度大、对称性不好)的面状要素，本研究提出了缓冲线注记配置模式，该模式与平行线注记配置模式唯一的区别在于上下定位线的求取方法。

本研究采取缓冲区分割法计算定位线，如图4-9所示。

定位线求取过程如下：

第一步，建立缓冲区。

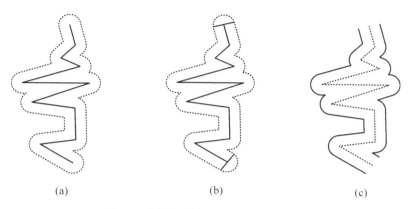

(a)   (b)   (c)

图 4-9 缓冲区分割法计算上下定位线

对于线状要素，以其图形符号的外轮廓线建立缓冲；对于面状要素直接建立缓冲区。半径参数为离线距离，缺省情况下 $r = 0.2mm + s/2$，其中 s 为注记字号。

第二步，计算分割点。

对于线状要素，以曲线的首末两点分别计算垂直于曲线首段和末端的垂线，计算垂线与缓冲区的 4 个交点，即为分割点。对于面状要素，以其主骨架线作为曲线进行计算。

第三步，计算上下定位线。

4 个分割点将缓冲区轮廓线分为 4 段曲线，取长度较长的两段作为上下定位线。

4.2.5 中轴线注记配置模式

中轴线注记配置模式是针对地图上尺寸大、紧凑度大、对称性好的面状要素在面域范围内部名称注记的一种配置模式。采取线定位注记方法，主要适用于大型水库、行政区划、居民地面域等面状要素，如图 4-10 所示。

由于中轴线注记配置模式下的注记结果在要素内部，其注记质量评价模型仅包含了注记冲突模型。

除了注记配置的通用规则之外，中轴线注记配置模式的规则有：

①沿要素中轴线定位；

②采取间隔字隔，且字隔尽量大，但不得大于 5 个字号；

③采取水平或垂直字列，最好与要素方向一致(要素方向是指要素在二维

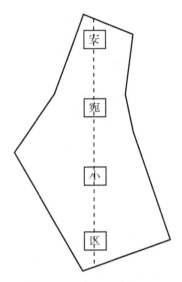

图 4-10　中轴线注记配置模式

空间的宏观走向，分为垂直方向和水平方向，采用地物要素的最小外接矩形的长与宽的比较得到）；

④注记应在要素内部。

中轴线注记配置模式的配置过程为：

第一步，计算面状要素外轮廓线多边形单调性 Monotonicity。计算方法如式（4-1）。如果单调性为"真"，则跳至第三步。

第二步，面状要素单调化。

本书采用罗广祥提出的面向软硬多边形名称注记配置化简图形歧点删除法（罗广祥，马智民，等，2004），该方法数学逻辑严密、实施简单，主要思想为对多边形从 3 个旋转方位连续实施 4 次图形综合，并提出第一旋转角、第二旋转角两个概念。效果如图 4-11 所示。

第三步，确定定位线 PL。

计算面状要素外轮廓线多边形方向，如果是水平方向，则取要素的水平轴线为注记定位线 PL，否则取要素的垂直轴线为注记定位线 PL。

第四步，确定字隔 K。

计算定位线上能容纳的最大字隔 Max$K$，如下式：

$$\text{Max}K=\left[\,\text{Length}(\text{PL})-\text{Lenght}(\text{Label})\,\right]/(n-1) \qquad (4\text{-}11)$$

如果 Max$K$ 大于 5 个字号（Size），则字隔 K 为 5 个字号，否则取 Max$K$ 为

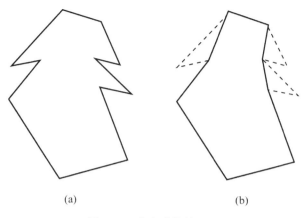

(a)   (b)

图 4-11　多边形的单调化

字隔。如下式：

$$K = \begin{cases} 5 \cdot \text{Size} & \text{Max}K > 5 \cdot \text{Size} \\ \text{Max}K & \text{else} \end{cases} \qquad (4\text{-}12)$$

4.2.6　主骨架线注记配置模式

　　主骨架线注记配置模式是针对地图上尺寸大、紧凑度小、对称性差的面状要素在面域范围内部进行名称注记的一种配置模式。采取线定位注记方法，主要适用于双线河流、行政区划。

　　同中轴线注记配置模式一样，主骨架线配置模式下注记质量评价模型也只包含了注记冲突模型。主骨架线配置模式的关键在于主骨架线的求取，其他配置步骤和方法与平行线注记配置模式相同。

　　目前，求取多边形主骨架线的算法比较多，成熟的算法有如下几种：

　　1. 数学形态学方法

　　数学形态学是以集合运算理论、几何概论统计理论和整数几何三部分为数学基础，研究数字影像形态结构与快速并行处理方法的理论。该方法通过对目标影像的形态变换实现影像分析及特征提取。万幼川将其应用于多边形骨架线的提取中，该算法通过最基本的移位与逻辑运算的组合完成，计算消耗少（万幼川，樊红，等，1998）。

　　2. 平行线切割中点连线法

　　平行线切割中点连线法是目前地图制图界公认的一种最为简单的面状要素名称注记定位线确定方法（罗广祥，马智民，陈晓明，等，2004）。其基本原

71

理是：将多边形进行修整（压缩、平滑、剪枝、补偿）后，从最高点沿右链开始，对每一点作水平切割线，找出与左链的交点，取该点与左链交点之间的中点，放在骨架线点集中。再沿左链开始，对每一点作水平切割线，找出与右链的交点，取该点与右链交点之间的中点，放入骨架点集中。骨架线是骨架点在 Y 方向上按从大到小的顺序连接而成，如图 4-12(a) 所示。

(a)平行线切割中点　　　(b)基于单调性图形综合　　　(c)最长对角线

图 4-12　几种求取多边形主骨架线的算法图例

3. 基于单调性图形综合计算骨架线的方法

基于单调性图形综合计算骨架线的方法是罗广祥针对上述平行线切割中点连线法中的局限性，提出的多边形图形综合的一种新方法。其主要思路是：结合面状要素名称注记配置规则和软多边形与硬多边形图形特征，分别提出了面向软多边形名称注记配置化简图形歧点删除法与面向硬多边形名称注记配置化简图形歧点删除法，如图 4-12(b) 所示。

4. 长对角线法

长对角线法从图形学角度出发，将复杂面状图形通过简化后构建其简单多边形，进而获取简单多边形内的最长对角线作为主骨架线，如图 4-12(c) 所示。

5. 基于 Delaunay 三角网剖分法

基于 Delaunay 三角网剖分法的基本思路是：首先对多边形进行约束三角剖分，然后连接所有三角形的重心得到多边形骨架线，最后采用遍历二叉树的方法提取连通最长的一条作为面域的主骨架线（陈涛，艾廷华，2004）。如图

4-13(a)中的粗线。

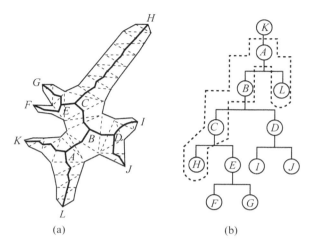

图 4-13 Delaunay 剖分图及二叉树结构

综上所述，方法 1 原理简单，但存在矢量–栅格数据之间的转换；方法 3 是对方法 2 的改进，算法实现容易，数学逻辑更加严密，解决了方法 2 一些算法失效的情况，但也会出现删除点不当时，主骨架线偏离多边形视觉中心的问题；方法 4 算法简单、快速，但尚未顾及面域的自然形状特征，配置效果不理想；方法 5 逻辑严密，鲁棒性好，算法较为复杂，实现难度大，计算效率较低。对于求取主骨架线的方法，笔者认为应从要素实例出发，根据其几何特征智能地采取相应的计算方法。通过大量实例数据实验，各方法适用要素符号图形变量参数见表 4-4（因数学形态法适用于栅格图像的方法，不适用于要素图形的方法，此处不进行对比）。

表 4-4 　　各主骨架线求取方法适用要素图形符号特征变量范围表

主骨架线求取方法	单调性	紧凑度	对称性
平行线切割中点连线法	True	≥0.7	≥0.6
基于单调性图形综合计算骨架线方法	False	≥0.7	≥0.6
长对角线法	True	≥0.7	≤0.5
基于 Delaunay 三角网剖分法	False	<0.7	※

4.2.7　凸壳注记配置模式

凸壳注记配置模式是针对地图上尺寸较小、紧凑度小、对称性好的面状要素在面域范围外部进行名称注记的一种配置模式。采用面定位注记，主要适用于小面积面状居民地、散列式居民地和密集点居民地，如图4-14所示。

凸壳注记配置模式下的候选位置质量评价模型包含了注记冲突模型、要素压盖模型、视觉一致性模型和关联模型。各模型的权重因子见表4-1。

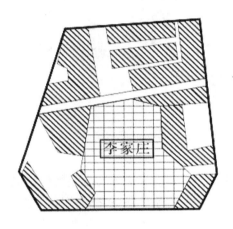

图 4-14　凸壳注记配置模式

除了注记配置的通用规则之外，凸壳注记配置模式的规则有：

①采取水平或垂直字列，接近字隔；

②注记位置应该配置在注记排斥区以外，要素凸壳以内；

③注记不能压盖要素。

凸壳注记配置模式的配置过程为：

第一步，计算要素凸壳。

凸壳是计算几何中最普遍、最基础的一种结构（周培德，2005）。目前，计算平面点集凸壳的算法很多，包括卷包裹法、格雷厄姆方法（Graham）、分治算法、Z_{3-1}算法、Z_{3-2}算法、实时凸壳算法、增量算法及近似算法。其中，格雷厄姆算法是格雷厄姆提出的一种凸壳求取方法（Graham，1972）。格雷厄姆算法也是公认的求取平面点集凸壳问题的最佳算法。其主要依据是凸壳多边形的各顶点必定在该多边形任意一条边的同侧。其基本思路是：首先取点集中 y

坐标最小的点 P，同其他各点用线段连接，并计算其水平夹角，然后按夹角大小及到点 P 的距离进行词典式分类，将得到的点序列依次连接得到一个多边形，最后删除多边形中不是凸壳顶点的点即可得到凸壳多边形，如图4-15所示。

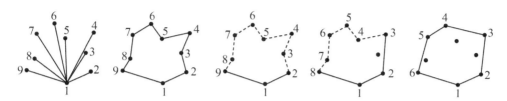

图 4-15　格雷厄姆求取凸壳算法示意图

第二步，确定注记参数。

以凸壳多边形与要素面域的差作为注记的定位面，以半个字号作为注记最小单元 C。

4.2.8　散列式注记配置模式

散列式注记配置模式是针对地图上散列分布的同名地物要素注记的一种配置模式。属于组合注记配置模式，根据配置参数和要素实体的图形特征综合采用上述基本注记配置模式得到配置结果。散列式注记配置模式的配置参数只有一个，即是否允许注记压盖要素注记。允许注记压盖要素的情况是针对本应注记于要素内部的散列式面域要素的注记配置，如散列式水系；不允许注记压盖要素的情况是针对本不应该注记于内部的散列式面域要素或稠密型点集要素的注记配置，如散列式居民地。

除了注记配置的通用规则之外，散列式注记配置模式的规则有：

①注记被其指代的所有要素共享；

②注记需分散排列时，其分布状况应保持连续，且能反映要素的大致延伸趋势。

散列式注记配置模式的配置过程为：

第一步，计算散列要素群外轮廓线。

地图上，面状要素群散列分布的原因一般是整个面域被线状要素或条形状的面状要素打散，如散列湖泊一般是被堤坝、道路打散。点状要素群散列分布的原因一般是多个要素聚集在一起，如散列式居民地。它们共同的特点是群里之间相互距离较近。针对这一特点，本研究利用缓冲区合并的方法求取散列式要素群的外轮廓线：

　　①为每个单独的要素建立缓冲区，缓冲区半径参数一般取半个字号；

　　②将各缓冲区多边形求并，作为要素群的外轮廓线，如图4-16所示。

　　第二步，以外轮廓线为面要素，选择相应的配置模式，如果配置参数不允许压盖要素，则跳至第五步。

　　第三步，采用中轴线注记配置模式，如果配置结果理想，配置过程结束。

　　第四步，采用主骨架线注记配置模式，如果配置结果理想，配置过程结束。

　　第五步，采用缓冲线注记配置模式，如果配置结果理想，配置过程结束。

　　第六步，采用凸壳注记配置模式，如果配置结果理想，配置过程结束。

　　第七步，采用点注记配置模式。

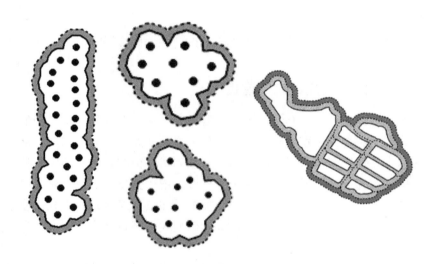

图4-16　散列要素求取外轮廓线

4.3　地图注记配置模式选择

　　上述8种地图注记配置模式中前7种是地图注记自动配置中用到的基本配置模式，每种模式都有特定的适用范围。要实现地图注记的自动化配置，需要根据地物要素的类型、属性和图形特征正确选择相应的模式。其中，要素类型为第一层次，主要完成对配置模式的分类，可确定点要素单实体的注记配置模式；属性(要素语义)为第二层次，通过属性与配置规则库的对照来选定注记配置模式，可确定等高线等线要素的注记配置模式；图形特征属于第三层次，通过对图形的图形符号特征变量进行分析比较，确定注记配置模式。一般而言，还需要对这几种基本模式进行组合使用，如散列式注记配置模式。

4.3.1 基于要素类型特征的地图注记配置模式选择

要为地图上的某个地物要素选择适应该要素实体的地图注记配置模式，首先要从地物要素数据的组织结构出发。目前，GIS 系统和各制图系统中都是将地物要素按点、线、面三类要素进行表达的。因此，目前地图注记自动配置的研究都是从这三个要素类型展开的。本书提出的地图注记配置模式也可按这三个要素类型进行归纳和分类。实际上，地图注记配置模式与要素类型并非树状结构，而应该是网状结构。同一注记配置模式可以适用于不同的要素类型，其分类关系如图 4-17 所示。

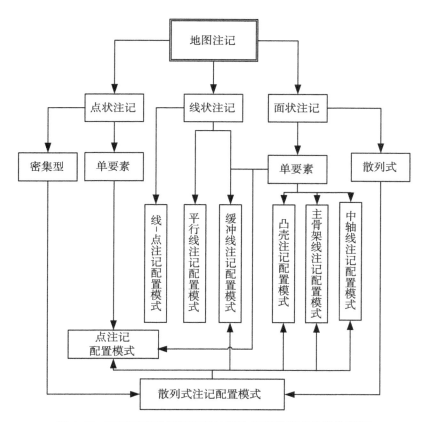

图 4-17　基于要素类型特征的地图注记配置模式分类关系图

4.3.2 基于要素语义的地图注记配置模式选择

基于要素语义的注记配置模式选择是指根据地物要素的具体属性与配置规则进行对照，对注记配置模式进行选择。该选择方法几乎完全是基于文本的对照，对地物要素的属性质量要求苛刻。实际上，对于绝大多数的地物要素而言，该方法主要用于中间配置知识的推理。然而对于少量的地物要素，该方法也具有决定性的意义。例如对于地貌要素，可以根据国标编码这一属性推断出该要素是等高线，从而选择采用线-点注记配置模式进行注记配置。

4.3.3 基于符号图形特征的地图注记配置模式选择

对于一类地物要素而言，基本要素类型和要素语义可以决定该类要素的配置方法，然而对于单个地物要素实体而言，尤其是面状要素实体，还需要对其符号图形特征进行分析，才能选择合适的注记配置模式。7 种基本配置模式适用的符号图形变量参数范围见表 4-5。其中，※ 表示不需要考虑该符号图形特征，各符号图形变量的计算见式(4-1)，式(4-2)，式(4-3)和式(4-4)。

表 4-5 　　　　　 **各注记配置模式适用要素符号图形变量参数表**

注记模式	尺寸	单调性	紧凑度	对称性
点注记配置模式	≤2.0	※	※	※
线-点注记配置模式	※	※	※	※
平行线注记配置模式	※	True	※	※
缓冲线注记配置模式	※	False	※	※
中轴线注记配置模式	≥5.0	True	≥0.6	≥0.7
主骨架线注记配置模式	(2.0, 5.0)	※	≤0.3	≤0.3
凸壳注记配置模式	≥7.0	False	≤0.5	≥0.7

注：表中参数值为针对 1∶250 000 地形图制图经验得到的值，作为制图知识存储在地图注记配置知识库中，根据制图需求可以方便地调整。

综上所述，地图注记配置模式的选择不可依赖要素类型、要素语义或符号图形特征单方面决定，而且这三者之间并非简单的层次结构关系。因此，地图注记配置模式的选择是一个复杂的推理过程。本书的一项重要任务就是研究如何实现地图注记配置知识的表示与推理，完成地图注记配置模式选择，以及地图注记配置参数的计算。

4.4 本章小结

本章从另一门地图语言——地图符号出发，基于地图符号视觉变量的研究，提出了影响地图注记位置的地图符号图形变量（形状、尺寸和对称性）及其量化公式。总结分析了地图注记配置方法的研究成果，归纳了 8 种地图注记配置模式以满足地图注记的配置需求，每种地图注记配置模式包含了地图注记的配置参数、配置规则、定位参考图形的计算方法以及候选位置的评价函数。

目前，地图注记配置模式的选择主要取决于三个方面：要素的类型、要素的语义和要素的符号图形特征。本章阐述了这三个方面各自进行地图注记配置模式选择的方法和特性，提出了基于知识推理技术的地图注记配置模式选择的构想。

第五章 地图注记配置知识形式化 表达及其推理技术

第一个提出"知识就是力量"这个口号的人，是弗朗西斯·培根。他是中古时期著名的唯物主义哲学家。他的认识论被普遍理解为："科学是实验的科学，科学的方法就在于用理性的方法去整理感性材料，归纳、分析、比较、观察和实验是理性方法和重要条件。"

知识是人类智慧的结晶，能指导人类为达到预期的目的而开展正确的行动。要实现地图注记的自动化配置，就需要制图人员在实践经验中所积累的大量有用的地图注记配置知识作指导。想要使用这些知识指导计算机的操作，首先应对这些知识进行形式化的表达。

5.1 知识的形式化表达

知识是对某个主题确信的认识，并且这些认识拥有潜在的能力为特定目的而使用。认知事物的能力是哲学中充满争议的中心议题之一，并且拥有它自己的分支——知识论。从更加实用的层次来看，知识应该被共享，在这种情况下，知识可以通过不同的方式来描述、组织和管理。图 5-1 中的雕塑是知识的拟人化形象，位于土耳其以弗所的塞尔苏斯图书馆。这座雕塑的希腊语名称为"ΕΠΙΣΤΗΜΗ"，对应的英文为"Episteme"，中文则有"认识"或"了解"之意。

5.1.1 知识的定义

"知识"是人们常用的一个术语，人人都知道它的意思，但很难对它进行定义。至今，知识的确切定义仍然是哲学家、社会科学家和历史学家有着极大兴趣的话题。Purser 和 Pasmore 认为要精确地定义知识是非常困难的。但若无法回答知识是什么，将难以设计能产生更多知识及有效利用知识的组织。因此，他们将知识定义为：用以制定决策的事实、模式、基模、概念、意见及直觉的集合体（Purser William, Ronald, et al., 1992）。日本学者田中郁次郎认

图 5-1　知识的拟人化形象

为知识是一种多元的概念，具有多层次的意义。知识牵涉到信仰、承诺与行动等，可分为显性知识和隐性知识。何光国认为知识是经验累积的记录、事实组织的系统化、对事实的理解、一种理解的行为或状态、人的已知和未知。此外，Davenport 依据知识的特性指出，知识是一种具有流动性质的综合体，其中包括：结构化的经验、价值及经过文字化的信息，而且还包括专家独特的见解，为新经验的评估、整合与信息等提供架构。Nonaka 认为当信息（message）被赋予意义后，就成为资讯（information），而资讯再经过整理后，才转化为知识（knowledge）。知识是人类理解与学习的结果（Nonaka，1994）。

描述知识的用法是考察知识的一种常见做法。在这种意义上，知识是由不同意向讨论着的信息。DIKW 体系将数据、信息、知识、智慧纳入到一种金字塔形的层次体系中（Ackoff，2010）。当中每一层给下一层赋予某些特质，资料层是最基本的，资讯层加入内容，知识层加入"如何去使用"，智慧层加入"什么时候才用"。DIKW 体系常用于资讯科学及知识管理，其结构如图 5-2 所示。

5.1.2　知识的特征

由上述可知，知识是抽象的，是传达概念的一种形式。根据许多思想家的论述，知识必须具备以下特征（夏定纯，徐涛，2004）：

（1）相对真实性

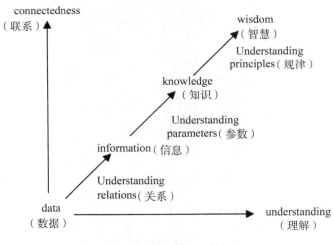

图 5-2　DIKW 体系结构图

知识是客观事物及其关系的反映。受到各方面的影响（认识能力、文化底蕴等的差异），人们对事物的认知很难一致，甚至是相互矛盾的。而知识的"真实性"是指通过实践校验其真伪或通过逻辑推理证明其真假而得到的结果，这样的"真实性"是建立在一定的前提条件下的。因此，知识不可能无条件地为"真"，也不可能无条件地为"假"。知识的真实性是有条件和环境要求的，是个相对的真实性。

（2）模糊性和不精确性

由于现实世界的复杂性，绝大多数事实和概念不能绝对精确和肯定。因此，许多知识不能用简单的是非对错来划分，这些知识往往存在着一些中间状态，这一特性称为知识的模糊性和不精确性。

很多客观事物本身表露不完全而使人类对事物发生的条件或客观原因认识不清也是常有的事。而且，人们对客观事物的认识是一个循序渐进的过程，导致对它的认识不够准确，这种认识上的不准确必然导致相应知识的不精确。因而，认识的不完全性是知识不确定性的一个重要原因。

（3）可表示性

在 DIKW 体系中，知识作为信息的上一层，同样可以用语言、文字、各种符号的逻辑组合、图形、物理的方法等表示，为人类所认识和理解。正是因为知识具有可表示性，它才具备了存储、处理和传输的功能。

(4)关联性

知识是事物、概念及其相互之间的联系，这种联系分为静态联系和动态联系。静态联系用于表示事物或概念之间的等价关系。

对于基于知识的应用系统，常常包含多种不同的问题求解活动，不同的活动往往需要采用不同的方式表示的知识。

5.1.3 知识表示

知识是专家系统区别于其他软件系统的重要指标，智能问题的求解是以知识为基础的。所谓知识表示就是用计算机内部代码形式对各种领域的知识进行描述、存储、推理，以有效地利用这些知识，可以看作是将知识符号化并输入计算机的过程和方法。知识表示是对智能问题进行分析、推理和决策的前提。

5.1.3.1 知识表示的两个基本观点

在某种意义上，可以将知识表示为数据结构及其处理机制的结合体，既要考虑知识表示语言又要考虑知识使用。知识表示语言用符号结构来描述领域知识，而知识使用则是应用这些知识实现智能行为。

目前，在知识表示方面主要有两个基本观点：一种是陈述性的观点，一种是过程性的观点。陈述性知识表示观点将知识的表示和知识的运用分开处理，在知识表示时不涉及如何运用知识的问题。过程性知识表示观点将知识的表示和知识的运用结合起来，知识包含于程序之中。

陈述性知识表示和过程性知识表示在人工智能领域的研究中都很重要，各有优缺点。目前，采用比较多的是陈述性知识表示，原因在于知识能方便地修改、更新和传递。

5.1.3.2 知识表示方法的要求

基于知识的应用系统，常常包含多种不同问题的求解活动，不同的活动一般需要采用不同方式表示的知识。合适的知识表示方法应满足如下几点要求：

①表示能力：要求能正确、有效地将问题求解所需要的知识表示出来。

②可理解性：要求所表示的知识易读、易懂。

③便于获取：要求在吸收新的知识的同时，便于消除可能引起新老知识之间的矛盾，便于维护知识的一致性，以满足智能行为渐进式知识增加和逐步进化的需求。

④便于搜索：要求表示知识的符号结构和推理机制应支持对知识库的高效搜索，以满足智能系统能迅速感知事物之间的关系与变化，同时很快地从知识库中找到相关知识的需求。

⑤便于推理：要求能够从已有的知识中推出目标和结论。

5.1.3.3　常用知识表示方法

常用的知识表示方法主要有：一阶谓词逻辑表示法、概念图知识表示法、基于粗糙集(合)理论的知识表示方法、产生式表示法(或规则表示)、基于模糊 Petri 网的知识表示法、语义网络表示法、基于框架网络结构的知识表示方法、脚本表示法、面向对象的知识表示方法和基于对象的 XML 知识表示方法。它们有各自的特点及适用范围。

1. 一阶谓词逻辑表示法

一阶谓词逻辑(first order predicate logic)表示法是一种陈述性的知识表示方法。一阶谓词逻辑演算由形成规则(形成合式公式的递归定义)、变换规则(就是推导定理的推理规则)和公理(或公理模式，可能是无限的)组成。

为了方便本方法的阐述，先介绍 5 个逻辑算子(或连结词)号：

- "^"：逻辑"与"，表示合取；
- "˅"：逻辑"或"，表示析取；
- "¬"：逻辑"非"，表示否定；
- "→"：逻辑"条件"，表示蕴含；
- "↔"：逻辑"双条件"，表示相互蕴含。

一阶谓词逻辑表示知识相关定义和说明如下：

(1)形成规则

- 项　项的集合按如下规则递归定义：

①任何常量是项。

②任何变量是项。

③ n 个参数的任何表达式 $f(t_1, \cdots, t_n)$ (f 是 n 价的函数符号，$n \geqslant 1$)是项。

④闭包条款：其他都不是项。

- 合式公式　通常叫做公式 wff(well-formed formula) (田盛丰，黄厚宽，1999)，按如下规则递归的定义：

①简单和复杂谓词：如果 f 是 n 价的关系($n \geqslant 1$)，而 t_i 是项，则 $f(t_1, \cdots, t_n)$ 是合式的。如果等式($t_1 = t_n$)被认为是逻辑的一部分，则也是合式的。这类公式称为是原子公式。

②归纳条款 I：如果 φ 是 wff，则 $\neg \varphi$ 是 wff。

③归纳条款 II：如果 φ 和 ψ 是 wff，则 $(\varphi \to \psi)$ 是 wff。

④归纳条款 III：如果 φ 是 wff 而 x 是变量，则 $x \varphi$ 是 wff。

⑤闭包条款：其他都不是 wff。

- 自由变量

①原子公式：如果 x 在原子公式 φ 中是自由的，当且仅当 x 出现在 φ 中。

②归纳条款 I： 如果 x 在 $\neg\varphi$ 中是自由的，当且仅当 x 在 φ 中是自由的。

③归纳条款 II： x 在 $(\varphi \rightarrow \varphi)$ 中是自由的，当且仅当 x 在 φ 中是自由的，或者 x 在 φ 中是自由的。

④归纳条款 III： x 在 $\forall y$ 的 φ 中是自由的，当且仅当 x 在 φ 中是自由的并且 $x \neq y$。

⑤闭包条款：如果 x 在 φ 中不是自由的，则它是约束的。

（2）变化规则

一阶谓词演算的唯一规则就是肯定前提条件，即全称普遍化。可陈述为：如果 $Z(x)$，则 $\forall x Z(x)$。$Z(x)$ 假定表示谓词演算的一个已证明的定理，而 $\forall x Z(x)$ 是它针对于变量 x 的闭包条款。

（3）公理模式

公理有两种类型：逻辑公理，对谓词演算有效；非逻辑公理，仅在特殊情况下为真，对于谓词演算无效。本方法提到的公理都是逻辑公理。在公理的集合是无限的时候，需要有一个能判定给定的合式公式是否为一个公理的算法。进一步来说，应当有一个可以判定一个推理规则的应用是否正确的算法。

一阶谓词逻辑表示法形式简单、严格，转换自然语言到一阶逻辑容易实现，适用于表示精确知识，可从已知事实推出新的事实。但是，该种方法难于表达 IF-THEN-ELSE，表达类型单一，不能表示不确定的、模糊的知识，而且在推理过程中，随着数量的增加和不当地使用推理规则，有可能形成组合爆炸（夏定纯，等，2004）。

2. 概念图知识表示法

概念结构（Concept Structure）是集语言学、心理学、哲学为一体的一种新的知识表示方法，是指用图示的形式来呈现出个体有关某一领域或某些领域的概念体系，它以其独有的系统整体性、简约再生性，成为外显知识和内隐知识的相互转化的一座桥梁。同时，概念图采用结构化的形式表示具有表达能力强、表达直观、可靠性好、易于实现接近自然语言等特点（刘晓霞，2001）。

概念图的图形表示就是一种有向连通图，包括两种节点：概念节点和关系节点，弧的方向代表概念节点和关系节点之间的联系。概念节点表示问题领域中的一个具体或抽象的实体；关系节点表示概念节点之间的联系。在概念图中，用方框表示概念节点，用圆圈表示概念关系节点，用有向弧完成两者的连接。例如："小明同学正在飞快地吃着苹果"，对应的概念图如图 5-3 所示。

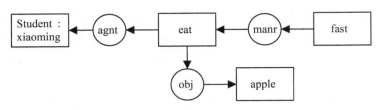

图 5-3 "小明同学正在飞快地吃着苹果"的概念图

概念结构使用 Prolog 谓词在计算机内部表示概念图以及基于概念图的规则：

①一个概念图用带有 4 个参数的 Prolog 谓词 Graph/4 表示；

②一个概念节点用带有 3 个参数的 Prolog 谓词 Concept/3 表示；

③一个关系节点用带有 4 个参数的 Prolog 谓词 Relation/4 表示；

④一条规则用带有 4 个参数的 Prolog 谓词 Rule/4 表示。

任何一种知识表达都是为了在推理中方便使用这种格式。采用概念图知识表示方法易于进行链式推理，而链式推理技术的关键在于事实与规则的匹配。概念图常用的方法是完全匹配、投影匹配、最大连接和约束合一匹配。其中，完全匹配是最理想的状况，投影匹配属于精确匹配；而最大连接和约束合一匹配可以实现非精确推理。用户可以根据自己的需要选择推理的匹配策略。

3. 基于粗糙集合理论的知识表示方法

粗糙集合理论是一种新型的处理模糊和不确定知识的数学工具（张文修，吴伟志，等，2001），已在人工智能、知识与数据发现、模式识别和分类、故障检测等方面得到了广泛的应用。粗糙集合理论认为知识就是将对象进行分类的能力，以不可区分关系作为基本概念，引入成员关系，用上近似和下近似等概念来表达不精确性和模糊性。

粗糙集合理论的知识表示方式一般采用信息表。信息可表示成一个三元组 $S = (U, A, V)$，其中 U 是对象集合，A 是属性集合，V 是 A 的值域。信息表类似于数据库中关系模型的表达方式。粗糙集合理论在此基础上定义了约简（reduct）和核（core）等概念。这样，知识就可用数据来替代，知识处理则通过数据操纵来完成。

无决策的数据分析和有决策的数据分析是粗糙集合理论在数据分析中的两个主要应用。对知识(或数据)的约简和求核的方法提供了从信息系统中分析多余属性的能力；从决策表中抽取规则的能力提供了机器学习和机器发现的能力。可以在保持决策一致的条件下删除多余属性。目前，粗糙集合理论中有效算法研究主要集中在导出规则的增量式算法、约简的启发式算法、粗糙集基本并行算法，以及与粗糙集有关的神经网络与遗传算法等。

采用 RS 理论作为研究知识发现的工具有很多优点：严格地从数学上解决数据分类的问题，尤其是当数据具有噪音、不完全性或不精确性时；只分析隐藏在数据中的事实，一般将所生成的规则分为确定与可能的规则，不需要数据的任何附加信息。

4. 产生式表示法（规则表示）

产生式表示法是由美国数学家 E. Post 提出来的，该方法用类似于文法的规则对符号进行置换运算，将每一条符号置换规则称为一个产生式（Post，1943）。A. Newell 和 H. A. Simon 在研究人类的认知模型中开发了基于规则的产生式系统（Newell，Simon，et al.，1972）。目前，该方法是应用最多的一种知识表示方法。著名的用于医疗诊断的 MYCIN 系统就采用了类似产生式的方式来表示知识。

产生式的基本结构是 If（P）Then（Q），表示当逻辑表达式（P）成立的时候，就能推出（Q）作为结论成立。（P）称为产生式的前件（LHS），是任何合法的逻辑表达式，是利用产生式推理的前提条件；（Q）称为产生式的后件（RHS），是利用产生式推理得到的结果。

在产生式系统中，一般利用解释程序以"匹配-执行"的方式来运用知识。当前提条件与结论集合中的某元素匹配时，就可以运用该产生式，推出结论或执行某个动作等。如此反复地运用一组产生式表示的知识，以求得最终的结论。一组产生式可以形象地用一棵（多棵）"与/或树"表示，利用"与/或树"证明或解题的过程，可以视为在树上的搜索或匹配过程。

产生式表示法既能表示确定性知识，也能表示不确定性知识；既能表示启发性知识，也能表示过程性知识。知识表示形式简单合理，与人类认识规律相符，并且具有固定的格式，便于修改和扩充。但是也有其自身的缺点，比如同时运行效率不高，在解决复杂问题时还有可能引起组合爆炸。

5. 基于模糊 Petri 网的知识表示方法

Petri 网是一种用网状图形表示的建模方法，是一种系统的数学和图形建模分析工具（Peterson，1981）。该方法在表现上有图形的直观性，同时具备数学的可推理性。早期主要应用于具有异步、并发特征的离散事件系统和复杂系统的设计与分析中，如计算机通信网络、计算机集成制造系统、分布式并行处

理系统等。近年来才被应用于知识和事实的表示，其主要表示形式是模糊
Petri 网构造专家系统。

一个 Petri 网具有 3 个基本元素：位置（place）、变迁或转换（transition）和
标记（token）。Petri 网采用有向图表示，可以方便地表达产生式规则，便于描
述系统状态的变化以及对系统特性进行分析，还能分层表示。

6. 语义网络表示法

语义网络是图解式的知识表示方法，最早由 Quillion 于 1968 年在研究人
类相关性记忆的模型中提出，并在他设计的可教式语言理解器 TLC（Teachable
Language Comprehension）中作为知识的表示。Simmons 的自然语言查询系统和
美国 SRI 国际研究所的地质探矿专家系统 PROSPECTOR 等也采用了这种语义
网络来表示知识。

语义网络是描述概念、事物等之间各种含义的一种网络有向图，它通过实
体及其语义关系来表达知识，是一种表达能力强而且灵活的知识表达方式。在
语义网络中，网络的节点代表实体，表示各种事物、概念、属性、状态、事件
和动作等，而网络中的弧线则表示连接两个实体之间的语义联系，节点和弧都
必须带有标识，以便区别各种不同对象以及对象间各种不同的语义联系。每个
节点可以带有若干属性，一般用框架或元组表示。另外，节点也可以是一个语
义子网络，形成一个多层次的嵌套结构。而且，语义网络还能很好地表示对象
之间的继承和变异等概念，下一层节点能继承、修改和补充上一层节点的属性
值（夏定纯，徐涛，2004）。

一个简单的语义网络，称为一个基本网元，可描述为如下的一个三元组：
S＝{节点 1，弧，节点 2}。"Fido 是条狗"的事实可用图 5-4（a）的语义网络代
表；如果添加了另一事实"Fido 属于 Mary"，则网络可扩充成图 5-4（b）模式。

弧线的方向是有意义的，需要根据事物之间的关系确定。比如在表示类属
关系时，箭头所指的节点代表上层概念，而箭尾节点代表下层概念或者一个具
体的事物。

语义网络通过语义基元和一些基本的语义联系，可以实现很多复杂的语义
关系。基本的语义联系有：

● 类属关系：类属关系描述了具有共同属性的不同事物之间的分类关系，
反映了事物的"具体与抽象"、"个体与集体"的概念，常用的类属关系有：表
示类型，如"A-Kind-of"（是一种）；表示成员，如"A-Member-of"（是一员）；表
示实例，如"ISA"（是一个）。

● 聚类关系：反映了"部分与整体"，表示下层概念是其上层概念的一个

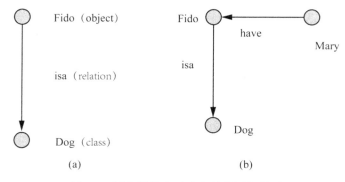

图 5-4　语义网络表示法中基本语义单元

方面或一个部分。常用的聚类关系有："Part-of"（是一部分）。

● 属性关系：表示事物和其属性之间的关系，如"Have"（有）、"Can"（能）等。

● 推论关系：一个概念可以由另一个概念推出，则它们之间存在推论关系。

● 时间、位置关系：描述的是事物在时间上的前后、位置方位上的关系或事物性状的相似关系等。

语义网络表示法可以直观地将事物属性以及事物之间的语义关系表示出来，符合人们的思维习惯，通过这些联系，可以很容易地找到与该节点有关的信息。而且，在这种表示法中，下层节点可以继承、补充和变异上层节点的属性；从而实现信息的共享。虽然这种表示方法能灵活地表达知识，但是也正是由于表现形式的不一致，而增加了处理上的复杂度。

7. 基于框架网络结构的知识表示方法

框架是一种结构化的知识表示方法。兼顾客观事物（属性、状态、联系）和客观规律（客观事物的动态变化、继承、变异或因果关系等）的表示（Minsky，1974）。

框架网络结构可以完整地描述各实体单元，实体单元之间按实体类别分类并用指针连接，从而形成实体的框架网络结构。框架的逻辑结构由一组表示实体各个侧面（face）的槽（slot）组成，如图 5-5 所示。每个槽可以有 Value、default、if-needed、if-added、if-removed 等侧面，采用知识表示的链表结构方式有利于空间数据的动态管理，使框架的各个槽以及其侧面随时都可根据需要进行增减和删除，从而使知识的添加和删除操作简便易行。HASH 表索引方法可实现信息的快速查询。

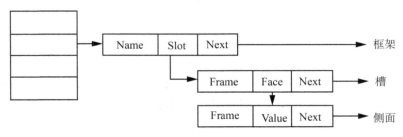

图 5-5 框架网络的物理结构

框架表示法与人类解决问题时的思维过程很相似：人们对某个事物的认识往往都是从自己所了解的方面着手，然后向纵深发展，直到解决问题。在框架系统中，问题的求解是通过匹配和填槽来实现的，是一个反复匹配的过程：首先把问题用框架的形式表示出来，然后将该框架与知识库中已存在的框架进行匹配，如果这两个框架满足匹配的条件，则把相应的值填入槽中；否则，重新寻找框架。由于下层框架能继承上层框架的值，因此两个框架的匹配过程往往涉及上层框架，从而增加了匹配的复杂度。

8. 脚本表示法

脚本表示法是 R. C. Schank 依据概念依赖理论提出的一种知识表示方法（Schank，1975）。脚本与框架类似，由一组槽组成，表示特定范围内事情的发生序列，可以看作框架的一种特殊表示形式。为了人类生活中的知识形式化表示并能被计算机进行处理，Schank 提出了原子概念处理方式，利用 11 种原子概念及其依赖关系把生活中的事件编制成脚本，每个脚本代表一类事件，并把事件的典型情节规范化。当接受一个故事时，就找出一个相应的脚本与之匹配，根据事先安排的脚本情节来理解故事。

脚本一般由以下几部分组成：

- 进入条件：给出脚本所述事件发生的前提条件。
- 角色：表示脚本所描述的事件中可能出现的有关人物。
- 道具：用来表示脚本所描述的事件中可能出现的有关物体。
- 场景：事件发生的真实顺序，一个事件可以有多个场景，每个场景又可以是其他的脚本。
- 结局：给出脚本中事件发生以后所满足的条件。

总之，一个脚本是一个具有专门结构的框架，像电影剧本一样，一场一场地表示特定的事件序列。因此，脚本表示在处理特定范围内的自然语言理解时是有一定价值的，然而其表示形式呆板，并且表示能力有限。

9. 面向对象的知识表示方法

面向对象的知识表示方法是采用面向对象的思想和方法的一种知识表示形式。面向对象的思想就是认为世界是由各种"对象"组成的，并将具有相同属性和方法的对象抽象为一个"类"。面向对象的知识表示方法以对象为中心，把对象的属性、动态行为、领域知识和处理方法等有关知识封装在表达对象的类中，知识的基本单位就是对象，每一个对象是由一组属性(attribute)、关系(relationship)和方法(method)的集合组成。一个对象的属性集和关系集的值描述了该对象所具有的知识；与该对象相关的方法集，操作在属性集和关系集上的值，表示该对象作用于知识上的知识处理方法，其中包括知识的获取方法、推理方法、消息传递方法以及知识的更新方法。

面向对象的专家系统中的通常使用的推理方法是：实例或类内部的推理，实例或类之间的推理。前者是通过执行函数过程方法或规则方法获取属性值的过程，规则推理是一种链式推理方式，向用户提供一个函数加载接口，一般采用规则触发式；后者包括继承推理、消息发送推理以及链式推理。继承推理是指实例可以从父类继承属性或方法。消息机制可以看作一种函数调用。链式推理就是把推理权交给另外一个实例或类。

面向对象的系统还可以实现类似于基于规则的产生式推理中的正向推理、逆向推理以及混合推理。

10. 基于对象的 XML 知识表示方法

互联网的飞速发展，使得可扩展标记语言 XML 得到了广泛的应用，XML 是通用标记语言标准 SGML 的一个子集，XML 中包含了大量自我解释性的标识文本，每个标识文本由若干规则组成，这些规则可以用于创建标识，并能用一种解释程序处理所有新创建的标识。这样，XML 就能够让不同系统理解相同的意义，从而创建一种任何系统都能读出和写入的世界语。XML 文档以树形结构包含和描述数据、数据结构以及文档结构，更重要的是 XML 可以包含语义，完全可以用来描述具有良好结构的知识。

采用 DTD 来定义一个面向对象表示方法的语法系统，通过定制 XML 应用来解释实例化的知识表示文档，XML 文档则是知识实例的同构变化，一般在定义一个类的时候，基于对象的 XML 知识表示方法描述为：

<! ELEMENT 类(属性，方法，继承关系)>

<! ATTLIST 类 类标号，类名称>

<!ELEMENT 属性>

<!ATTLIST 属性 属性名，属性值>

<!ELEMENT 方法(参数，方法内容)>

<!ATTLIST 方法 方法名称>

<!ELEMENT 参数>

<!ATTLIST 参数 参数名称，参数值>

<!ELEMENT 方法内容>

<!ATTLIST 方法内容使用的语言>

<!ELEMENT 继承关系>

<!ATTLIST 继承关系父类标号>

这种方法通过面向对象建立知识原型，使用 XML 的标识方法来描述原型，从而使得知识的表达能力增强。便于不同系统间的数据交换，适用于分布式的智能系统。

从知识表示的两个基本观点出发，地图注记配置知识既包含事实性知识（主要用于指导注记的样式参数），又包含规则性知识（主要用于指导注记的布局配置）。同时注记配置知识既包含确定性知识（如水系注记颜色为蓝色），又包含不确定性知识（如较长的河流每隔 15~20cm 重复注记名称）。通过对各知识表示方法的分析与比较，结合地图注记配置知识自身的特点，本研究认为产生式表示法和基于对象的 XML 表示法，是地图注记配置知识表示的理想方法。结合两者的特点，RuleML 作为一种描述规则的 XML 扩展语言，用于表示地图注记配置知识最为合适。

5.2　基于 RuleML 的地图注记配置知识的表示

5.2.1　RuleML 概述

5.2.1.1　RuleML 简介

RuleML(Rule Markup Language)是一种描述规则的扩展标记语言，隶属于 XML 家族，该语言广泛应用于描述企业级的网络规则。它能很好地适应和扩展其他规则语言，并在它们之间建立互操作联系。

RuleML 涵盖了所有规则种类，从推导规则到变换规则，再到反应规则。因此，RuleML 能完成基于网络本体的查询与推理，不同本体之间的映射，以及工作流、服务和代理等网络行为的动态表达。目前，RuleML 已被广泛地应用于数学、工程学、金融界、法学界和互联网等领域，RuleML 规范正由 0.91 版向 1.0 版过渡。

RuleML 最早在 2000 年 8 月的第六届泛太平洋人工智能国际会议上作为 XML 的一项标准提出，旨在满足针对 Agent 和智能系统的数据交换的通用格式需求。当时，由于没有关于规则定义的公用规范，不同的智能系统都采用各自的规则语言。多种规则语言的使用使得不同系统实现彼此之间的兼容和互操作成为了问题。目前，业界倡导使用 RuleML 作为公用标准。本研究正是基于这种发展趋势，进行了基于 RuleML 的地图注记配置知识表示的研究。

5.2.1.2 RuleML 的优势

针对地图注记配置知识的特点，本研究采用基于 RuleML 面向对象的知识表示方法，主要是因为 RuleML 语言具有如下优势：

- RuleML 的语法能细粒度地表达知识的内容，提高知识预处理能力；
- 结合自然语言文本知识库保存知识和采用数据库保存规则的两种方法的长处，在一定程度上使之得以融合；
- RuleML 符合 WC3 的 XML 规范，使得知识表示满足规范化、标准化、通用化要求。

5.2.1.3 RuleML 表示知识

规则能够按以下方式描述：①用自然语言；②用一些形式化表示法；③将两者结合使用。RuleML 属于第三类，即半形式化的表示法。RuleML 的创始者正在努力使之向基于 XML 的标记语言发展，并允许其使用基于网络的规则存储、交换、修复和卸载/应用。

RuleML 以 Horn 逻辑为基础，具有结构化查询语言（SQL）和逻辑编程语言（Prolog）共同的特点，因而能在关联表的具体行上定义事实，也能通过视图隐式地定义基于表的规则。作为一种标记语言，RuleML 能使用自然语言清楚地表示相关信息。RuleML 对于规则表示的各个部分都进行了细致的刻画，把一个规则划分成为若干个原子部分，标签为<Atom>，原子表达了一系列变量或常量之间的命名关系。可以表示否定含义，可以为两个原子定义等价关系。具体的定义方法见 5.2.1.4 节。

对于规则的表示，RuleML 以<head>标签表示事实的结论（then 部分），用<body>表示前提（if 部分）。这样，它不但可以表示各种流行的规则系统中的规则，还支持常规的逻辑运算、复合语法、函数调用。因此，RuleML 特别适合面向对象的知识表示方法。

5.2.1.4 RuleML 语法

RuleML 语法主要是指事实（Fact）、查询（Query）、推论（Implications），以及诸如规则优先级（Rule priority）、互斥性（Mutual Exclusion）和前置条件（Precondition）等概念的定义方法。

（1）原子（Atom）

原子不能独自使用，必须用于事实、查询和推论中，也是它们的基本构成单位。

下面是"河流注记不能设置为红色"这一否定事实表达的示例：

```
<Naf>
<Atom>
  <op>
   <Rel>红色</Rel>
  </op>
  <Var>河流注记</Var>
</Atom>
</Naf>
```

其中，<Var>表示变量，<Rel>表示常量，包括单个常量、逻辑变量以及结构，<Rel>表示常量（或变量）谓词或关系符号，<Naf>表示否定。

（2）逻辑运算（logical operators）

逻辑运算是指两个原子之间的逻辑运算，支持"and"和"or"。

（3）等价（Equivalence）

等价可以定义两个原子为等价。如果有 n 个原子是等价的，那么需要 $n-1$ 个等价进行定义。这样做可以显著减少规则库的规模。

下面是"字色属于注记样式"等价于"注记样式包含字色"的示例：

```
<Equivalent>
<oid>
  <Ind>属于/包含 等价</Ind>
</oid>
<Atom>
  <Rel>属于</Rel>
  <Var>字色</Var>
  <Var>注记样式</Var>
</Atom>
```

```
<Atom>
   <Rel>包含</Rel>
   <Var>注记样式</Var>
   <Var>字色</Var>
</Atom>
</Equivalent>
```

（4）事实（Facts）

事实是一种陈述内容为真的断言，用<Fact>标号包围。一个 Fact 只能包含一个 Atom 断言。

（5）查询（Queries）

查询使用<Query>标号，由<body>标号包裹。表述了一个将要向事实库提出的问题。查询段由一系列不是 Fact 的 Atom 通过逻辑运算符连接而成。

下面是向事实库中查询"所有注记字色为蓝色的线状要素和面状要素"的示例：

```
<Query>
<body>
   <And>
    <Atom>
      <op>
       <Rel>注记字色</Rel>
      </op>
      <Var>蓝色</Var>
      <Var>线状要素</Var>
    </Atom>
    <Atom>
      <op>
       <Rel>注记字色</Rel>
      </op>
      <Var>蓝色</Var>
      <Var>面状要素</Var>
    </Atom>
   </And>
</body>
```

```
</Query>
```

（6）推论（Implications）

推论使用标号<Implies>，可以看作一种产生新事实的查询。新的事实由 head 标号部分原子产生。head 标号部分的原子就像一个模板，由查询生成的值填充。

下面是"如果注记要素属于水系，那么注记字色为蓝色"的示例：

```
<Implies>
<head>
  <Atom>
   <op>
     <Rel>蓝色</Rel>
   </op>
   <Var>注记字色</Var>
  </Atom>
</head>
<body>
  <Atom>
   <op>
     <Rel>属于</Rel>
   </op>
   <Var>要素</Var>
   <Ind>水系</Ind>
  </Atom>
</body>
</Implies>
```

（7）优先级

优先级定义了推论赋值的优先级。优先级是一个 0 到 100 之间的整数，0 表示最低优先级。如果一些推论段有相同的优先级，将不能保证这些推论段的赋值顺序。下面的例子定义了一个名为"Lower"，优先级为"20"的推论段。

```
<Implies>
<oid>
  <Ind>label：Lower；priority：20</Ind>
</oid>
```

（...）

\</Implies>

（8）互斥

互斥描述了推论段之间的一种关系，当某一推论段为肯定（也就是查询部分至少返回了一个结果）时，所有与之互斥的推论段都不会被赋值。下面的例子定义了一个互斥锁，两个互斥的推论段分别为"点状要素"和"线状要素"。

\<Implies>

\<oid>

　　\<Ind>label：点状要素；mutex：线状要素\</Ind>

\</oid>

\<head>

　　（...）

\</Implies>

（9）前提

前提同样表示两个推论段之间的关系，一个推论段只有在另一个推论段是肯定时才会被赋值。下面的例子定义了名为"线-点注记配置模式"的推论段，只有在同一推理循环中名为"线状要素"的推论段有返回值时，它才会被引擎赋值。

\<Implies>

\<oid>

　　\<Ind>label：线-点注记配置模式；precondition：线状要素\</Ind>

\</oid>

\<head>

　　（...）

\</Implies>

5.2.2　地图注记配置知识

作为一门重要的地图语言，地图注记既要遵循语言本身的法则，其排列方式又要遵循空间逻辑法则。在进行地图注记配置时，力求充分发挥地图注记的功能，还要保持地图的整体美观和清晰易读，同时应避免注记与注记间、注记与地图要素间冲突与压盖情况的发生，配置结果应尽量符合地图使用者的审美观念。这一过程必定要受到知识的指导，遵循一定的规则。

对于一个刚接触地图注记手工配置工作的制图人员而言，他往往需要两个帮手：一本制图规范和一名制图经验丰富的老师。一般而言，前者记录的是陈述性注记配置知识，如"水系注记字色采用蓝色"；后者提供的是过程式注记配置知识，如"面状水系应在多边形内部注记，如果注不下可沿边界线进行注记"。根据知识对地图注记自动配置过程的产生来源及其在地图注记配置过程中发挥的功能，本书将地图注记配置知识分为事实性知识、规则性知识和过程性知识。

（1）事实性知识

事实性知识是指地图注记配置过程中针对某类要素进行注记时用到的一般性知识，也可称之为常识性知识。事实性知识来源于针对特定的制图任务而编制的制图规范或相关图式标准。例如，根据我国国家标准，在制作1∶250 000和1∶50 000地形图时，省级政府驻地名称注记的字色为（M100 Y100），字体为粗等线体，字号为4.5mm。事实性知识主要用来对地图注记的某些属性直接进行赋值，如"河流要素的注记字段是名称"这条知识可以直接为河流要素确定注记文本。

事实性知识一般简单、直观、易懂，对于特定的制图任务是固定的、有限的，记录在地图注记自动配置知识库的事实库中。本书以1∶250 000地形图制作为例，基于前文提出的地图注记模型和国家标准（GB/T 20257.3—2006），选取与三角点注记配置相关的知识，以说明事实库中的内容。

在该标准中，与三角点注记相关的规范有：

①高程点注记、水库库容量、时令月份、特殊高程点等用正等线体注记。

②高程点、特殊高程点注记颜色为K100。

③高程、月份、流速、水库库容等字号为1.4mm。

事实库中的记录以及三角点注记模型的属性与值见表5-1。

表5-1　　　　　　　　　1∶250000 知识库中事实表

事实库中的记录	注记模型属性	地图注记的值
三角点注记字体为正等线体	字体	正等线体
三角点字号为1.4mm	字号	1.4
三角点注记字色为K100	字色	K100

一般事实库可以以模板的形式进行存储、管理和传递。

（2）规则性知识

规则性知识是指地图注记配置过程中针对要素实体进行逻辑判断后得到相

关结论的知识，也可称之为判别性知识。规则性知识来源于制图专家的经验积累，并依赖于注记配置模式。例如，基于本书提出的 7 种基本注记配置模式，专家可以总结出这样一条知识："点状要素或尺寸小于等于 2.0 的面状要素应采用点注记配置模式"。规则性知识主要用来对地图注记的配置模式进行选择。例如，上述知识可以为某些面状要素实例选择或排除点注记配置模式。

规则性知识一般用"IF-THEN"进行表达，很直观也易懂，需要制图人员根据要素的数据结构、注记配置模式等进行设定。相对事实性知识而言，规则性知识更具结构性，而且更灵活一些。这类知识主要记录在地图注记自动配置知识库的规则库中。本书延续三角点的配置示例，基于前文提出的地图注记配置模式，说明规则库添加中的内容。

如果制图人员认为：

①如果三角点要素存在"高程"属性，则以"高程"字段的值进行注记，否则以"ELE"字段的值进行注记；

②所有点状要素均采用点注记配置模式；

③点注记配置模式的缺省主方向数目为 4；

④如果所有配置结果均不可接受，将主方向数据扩大一倍再进行配置，主方向数目最大不得超过 16 个；

那么，规则库中的记录以及三角点注记模型的属性与值见表 5-2。

表 5-2　　　　　　　规则库中的记录以及三角点注记模型的属性与值

规则库中的记录					注记模型属性	地图注记的值
序号	IF	THEN	优先级	前置条件		
1	要素类型是点	采用点注记配置模式	100	Null	注记配置模式	点注记配置模式
2	要素存在"高程"属性	注记字段为"高程"	90	Null	注记文本	"高程"对应的值
3	要素存在"ELE"属性	注记字段为"ELE"	80	2	注记文本	"ELE"对应的值
4	配置参数主方向>16个	标记该要素为手工配置	70	1	注记配置模式	手工配置
5	配置结果均不可接受	主方向数目扩大一倍	60	4	主方向数目	$=n \times 2$

一般规则库中的规则按规则的优先级顺序进行执行,前置条件是指在执行该规则前必须满足的条件,可以是另一条规则的执行,也可以是某些事实的存在。由于规则库由制图人员制定,可能会出现规则之间矛盾或执行时多条规则死循环等现象。一方面,这对制图人员的逻辑严密性有一定的要求;另一方面,知识推理机制也应采取一定的技术进行消解。对于制定好的规则库可以进行存储、修改和传递。有效地减少了制图人员的重复工作,对于出现新的要素类型、实例情况或配置模式,也可以在规则库中直接添加。

对于注记配置模式的推理是本书的一个研究重点,关于地图注记配置模式推理的有关要素特征见表5-3。

表 5-3　　　　　　　　　　要素特征与注记配置模式匹配简表

要素特征	注记配置模式
①所有点状要素;②尺寸小于等于 2.0 的面状要素;③其他注记模式都得不到理想效果的要素	点注记配置模式
①等高线要素;②公路技术等级及编号	线-点注记配置模式
①平坦的单线河流;②道路名称	平行线注记配置模式
①曲折的单线河流;②狭长的面状水系;③散列式呈带状分布的点群居民地	缓冲线注记配置模式
①规则的行政区划;②大面积水域	中轴线注记配置模式
①带状的面状水系;②不规则的行政区划	主骨架线注记配置模式
①有明显凹陷的大尺寸面状要素;②散列式呈团状分布的居民地	凸壳注记配置模式

（3）过程性知识

过程性知识是指在地图注记配置过程中通过知识推理产生的针对单个要素实体的新的知识,也可称之为特例知识。例如,基于"点注记模式缺省主方向数目为 4"和"主方向数目为 4 的点注记配置模式下,如果注记的所有候选位置都与地物要素发生了压盖,那么设定主方向数目为 8"这两条知识,在配置过程中出现了"该注记所有候选位置都与地物要素发生了压盖"这一事实时,推理机就会产生"该要素采取主方向数目为 8 的点注记配置模式"这一新的知识。过程性知识主要用来对单个要素实体配置过程中配置模式或配置参数的修改。

过程性知识是指地图注记配置时,针对单个要素实体进行知识推理过程中临时产生的知识，并不进行存储。

5.2.3 基于 RuleML 的地图注记配置知识的表示

由 4.3 节不难看出，地图注记配置知识具有网络结构特征。地物要素的类型、属性和符号图形都对注记配置有影响，而且大部分的影响是间接的，需要与其他影响因子相结合才能最终确定注记配置模式和配置参数。配置模式的判断条件由一个或多个子条件通过逻辑连接词"与/或"组合构成。因此，本书采用知识元网络表示法完成基于 RuleML 的地图注记配置知识的表示。

将相对独立的，描述或解决一个问题的实体称之为一个知识元，前者称之为描述性知识元，如图 5-6(a)所示，可自动生成否定知识元；后者称之为操作元，如图 5-6(b)所示。知识元网络中的一个节点可以是一个单独的知识元，也可以由多个知识元经过逻辑连接词连接而成，如图 5-6(c)所示，两个节点之间的向量称之为一条规则，规则具有优先级、先决条件等属性，如图 5-6(d)所示。知识元网络表示法是将领域知识划分成若干个独立的知识元，按照有向图结构将知识表达成为一个个相互联系的节点，每个节点完成一定的功能，最后组成一个有向网络。

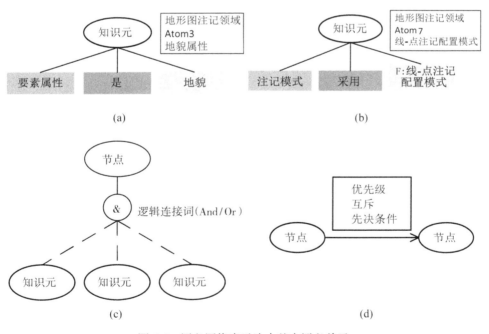

图 5-6 语义网络表示法中基本语义单元

　　知识元网络表示法很适合表示复杂、相互影响的知识，它使得知识的组织满足任意组合的条件，能够减少冗余的存储知识，直观地表达知识体系及各知识单元的关系。同时，由于采用统一的知识单元格式和表达形式，可以方便地实现多源知识的无缝集成，容易为已有的知识网络添加新的知识单元。

　　以地形图中线状要素注记配置模式选择知识为例，其规则子网可以用图5-7 表示。

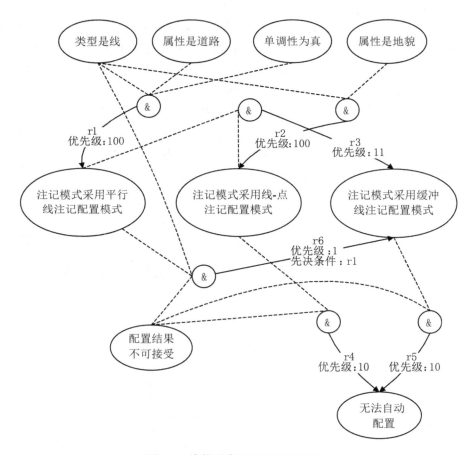

图 5-7　线状要素注记配置规则子网

　　该子网具有如下知识单元，详见表 5-4。

表 5-4   **图 5-7 规则子网的知识单元**

KnowledgeField	UnitID	UnitName	UnitVars
地形图注记	Atom1	线要素	类型是线
地形图注记	Atom2	道路属性	属性是道路
地形图注记	Atom3	地貌属性	属性是地貌
地形图注记	Atom4	单调性	单调性为真
地形图注记	Atom5	注记模式 1	注记模式采用平行线注记配置模式
地形图注记	Atom6	注记模式 2	注记模式采用缓冲线注记配置模式
地形图注记	Atom7	注记模式 3	注记模式采用线-点注记配置模式
地形图注记	Atom8	评价结果 1	注记评价为合理
地形图注记	Atom9	评价结果 2	注记评价为不合理
地形图注记	Atom10	评价结果 3	注记评价为未处理

图 5-7 中的规则子网包括一系列解决道路注记和等高线注记的规则：

注记规则 01：平坦的线状道路采用平行线注记配置模式。IF Atom01 & Atom02 & Atom04 THEN Atom05。

注记规则 02：地貌线采用线-点注记配置模式。IF Atom01 & Atom03 THEN Atom07。

注记规则 03：平行线注记配置结果不理想时采用缓冲线注记配置模式。IF Atom05 & Atom09 THEN Atom06。

注记规则 04：缓冲线注记配置模式不理想的线要素作为无法自动配置要素标出。IF Atom06 & Atom09 THEN Atom10。

注记规则 05：线-点注记配置结果不理想时作为无法自动配置要素标出。IF Atom07 & Atom09 THEN Atom10。

其中，注记规则 01 对应的 RuleML 片段如下：

```
<Implies>
  <oid>
    <Ind>注记规则 01</Ind>
  </oid>
  <head>
    <Atom>
```

```
        <Rel uri = "nxbre：//binder">采用平行线注记模式</Rel>
          <Var>注记对象</Var>
      </Atom>
  </head>
  <body>
    <And>
      <Atom>
        <Rel>类型</Rel>
        <Ind>线</Ind>
      </Atom>
      <Atom>
        <Rel>属性</Rel>
        <Ind>水系</Ind>
      </Atom>
      <Atom>
        <Rel>单调性</Rel>
        <Ind>真</Ind>
      </Atom>
    </And>
  </body>
</Implies>
```

5.3 知识推理技术

知识推理是指按照某种策略从已知事实出发，推出结论的过程。其中，推理所用的事实可以分为两种：一种是与求解问题有关的初始证据；另一种是推理过程中所得到的中间结论（夏定纯，等，2004）。智能体中的推理过程通常都是通过推理机来完成的，所谓推理机就是智能系统用来实现推理的程序模块。

知识的推理包括两个基本的问题：一个是知识推理的方法，另一个是知识推理的控制策略。

5.3.1　知识推理方法与分类

知识推理的方法主要解决在推理过程中前提与结论之间的逻辑关系，以及非精确推理中不确定性的传递问题。推理方法有很多，可以按照推理的逻辑基础、所用知识的确定性、推理过程的单调性、方法论、推理方向的控制等来分类：

1. 按照逻辑基础分类

按照推理的逻辑基础，推理方法可以分为演绎推理、归纳推理和默认推理：

（1）演绎推理

演绎推理是指从已知的一般性知识出发，推出组合在这些知识中的适合于某种个别情况的结论的过程。演绎推理是一种从一般到个别的推理方法，便于广度优先搜索。其核心是三段论，即假言推理、拒取式推理和假言三段论。

（2）归纳推理

归纳推理的基本思想是：先从已知事实中猜测出一个结论，然后对这个结论的正确性加以证明。归纳推理是一种从个别到一般的推理方法，便于深度优先搜索。

归纳推理可以分为完全归纳推理和不完全归纳推理。所谓完全归纳推理是指在归纳时需考察相应事物的全部对象，并根据这些对象是否都具有某属性来推断该类事物是否具有此属性的过程。而不完全归纳推理是指在归纳时只考察了相应事物的部分对象，就得出关于该事物的结论的过程。

（3）默认推理

默认推理是在知识不完全的情况下，假设某些条件已经具备所进行的推理，因此也称为缺省推理。在推理过程中，如果发现原先的假设不正确，就撤销原来的假设以及由此假设所推出的所有结论，重新对新情况进行推理。正是因为默认推理容许在推理过程中假设某些条件是成立的，因此可以在一个不完备的知识集中进行推理。

2. 按知识确定性分类

按知识的确定性，推理方法可以分为确定性推理和不确定性推理两类。所谓确定性推理是指推理中所使用的知识和推出的结论都是精确的，其值要么为真要么为假。而不确定性推理是指推理中所使用的知识不都是确定的，推出的结论也不完全是确定的，值会位于"真"与"假"之间。由于人类的很多问题都是不精确的、模糊的，因此不确定性推理是目前人工智能领域的重要研究课题。

3. 按方法论分类

按方法论，推理方法可以分为基于知识的推理、统计推理和直觉推理。所谓基于知识的推理指的是根据已有的知识、规则或已经掌握的事实进行的推理。比如医生看病，根据病人的症状和医学知识，判断出结论和医疗方案。所谓统计推理，是指根据对某事物的数据统计进行的推理。比如老师根据学生成绩的高低得出班级是否进步的结论，从而找出成绩上升或下降的原因。所谓直觉推理又可称为常识推理，是指根据常识进行的推理。比如看见歹徒就意识到"危险"，这就是直觉。

4. 按推理过程的单调性分类

按推理过程的单调性，推理方法可以分为单调推理和非单调推理。单调推理是指一个逻辑系统随着推理的进行而总是单调增加的，在推理过程中，推出的结论呈增加的趋势，推理越来越接近目标，不会出现反复的情况。而非单调推理是指在推理过程中，由于新知识的加入，不仅没有加强已经推出的结论，反而要否定它，使得推理退回到前面的某一步。

5.3.2　知识推理的控制策略

知识推理的过程相当于人类的思维过程，其质量和效率不仅依赖于推理的方法，而且还依赖于推理的控制策略。推理的控制策略是指如何使用领域知识使得推理过程尽快达到目标的策略。由于推理的过程一般表现为搜索的过程，因此，推理的控制策略分为推理策略和搜索策略。前者主要解决推理方向、冲突消除等问题，后者主要解决推理线路、推理效果、推理效率等问题。

5.3.2.1　推理策略

1. 推理方向

推理方向用来确定推理的控制方式，即确定推理过程是从初始证据开始到目标，还是从目标开始到初始证据。按推理方向，推理可以分为正向推理、逆向推理、混合推理和双向推理。

（1）正向推理

正向推理(forward-chaining)，又称为正向链接推理，其推理基础是逻辑演绎的推理链，它从一组表示事实的谓词或命题出发，使用一组推理规则，来证明目标谓词公式或命题是否成立，如图 5-8 所示。

实现正向推理的一般策略是：先提供一批数据(事实)到知识库中，系统利用这些事实与规则的前提匹配，触发匹配成功的规则(即启用规则)，把其结论作为新的事实添加到知识库中。继续上述过程，用更新过的知识库中的所有事实再与规则库中另一条规则匹配，用其结论再修改知识库的内容，直到没有可匹配的新规则，不再有新的事实加到知识库为止。

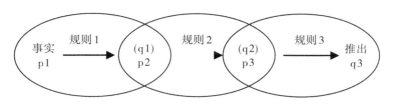

图 5-8　正向推理过程示意图

（2）逆向推理

逆向推理（backward-chaining），又称为后向链接推理，其基本原理是从表示目标的谓词或命题出发，使用一组规则证明事实谓词或命题成立，即提出一批假设（目标），然后逐一验证这些假设，如图 5-9 所示。

逆向推理的具体实现策略是：先假定一个可能的目标，系统试图证明它，看此假设目标是否在总数据库中，若在，则假设成立。否则，看这些假设是否证据（叶子）节点，若是，向用户询问，若不是，则再假定另一个目标，即找出结论部分中包含此假设的那些规则，把它们的前提作为新的假设，试图证明它。这样周而复始，直到所有目标被证明，或所有路径被测试。

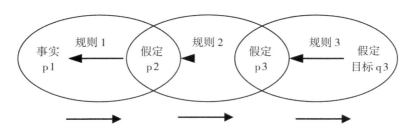

图 5-9　逆向推理过程示意图

（3）混合推理

混合推理分为两种情况，一种是先进行正向推理，帮助选择某个目标，即从已知事实中演绎出部分结果，然后再用逆向推理证实该目标或其可信度。另一种是先假设一个目标进行逆向推理，然后再利用逆向推理中得到的信息进行正向推理，以推出更多的结论。

（4）双向推理

双向推理是指正向推理与逆向推理同时进行，且在推理过程中的某一步"碰头"的一种情况。其基本思想是：一方面根据已知事实进行正向推理，但并不推出最终目标；另一方面是从某假设目标出发进行逆向推理，但并不推至原始事实，而是让它们在中途相遇，即正向推理所得到的中间结论恰好是逆向推理此时所要求的证据，这时推理就能结束了，逆向推理时所作出的假设就是推理的最终结论。

2. 冲突消解

冲突消解是指规则和事实通过模式匹配后，有两条或更多的规则同时满足时，选择哪条规则执行的过程。常用的，也是通用的冲突消解策略有如下几种：

①专一性排序：如果某一规则条件部分规定的情况，比另一规则条件部分规定的情况更有针对性，则这条规则有较高的优先级。

②规则排序：如果规则编排的顺序就表示了启用的优先级，则称之为规则排序。

③数据排序：把规则条件部分的所有条件按优先级次序编排起来，运行时首先使用在条件部分包含较高优先级数据的规则。

④规模排序：按规则的条件部分的规模排列优先级，优先使用被满足的条件较多的规则。

⑤就近排序：把最近使用的规则放在最优先的位置。这和人类的行为有相似之处。如果某一规则经常被使用，则人们倾向于更多地使用这条规则。

⑥上下文限制：把产生式规则按它们所描述的上下文分组，也就是说按上下文对规则分组。在某种上下文条件下，只能从与其相对应的那组规则中选择可应用的规则。

不同的系统使用上述这些策略的不同组合。如何选择冲突解决策略完全是启发式的。

5.3.2.2　搜索策略

所谓搜索就是根据问题的实际情况不断寻找可利用的知识，从而构造一条代价较小的推理路线，使问题得到圆满解决的过程。搜索技术是实现知识推理的重要技术之一，搜索策略决定了搜索效率，直接影响着知识推理的效率。同时，作为人工智能的基本技术之一，搜索技术已经渗透到各种人工智能系统中，可以说没有哪一种人工智能应用不用搜索技术。早在 1974 年，尼尔逊

（N. J. Nilsson）就指出"有效地对图进行搜索的问题已经基本解决"，并把研究的核心转向启发式搜索（N. J. Nilsson，1982）。

按搜索策略，主要的搜索方法可分为（Nilsson，2000）：

①求任一解路径的搜索策略，常见的有回溯法（back-tracking）、爬山法（hill-climbing）、广度优先法（breadth-first）、深度优先法（depth-first）；

②求最佳解路径的搜索策略，常见的有分支界限法（branch and bound）、动态规则法（dynamic programming）、最佳图搜索法（A^*）；

③求与或关系解图的搜索法，常见的有一般与或图搜索法（AO^*）、极小极大法（MiniMax）、剪枝法（alpha-beta pruning）、启发式剪枝法（heuristic pruning）。

也可将搜索分为一般搜索（"一人走"）和博弈搜索（"二人走"，考虑对方的走法）。其中，一般搜索又可分为盲目搜索和启发式搜索。广度搜索、深度搜索是常见的盲目搜索，A算法和A^*算法是常见的启发式搜索。常见的博弈搜索包括一般与或图搜索法、极小极大法、剪枝法、启发式剪枝法等。

搜索策略分为不可撤回的控制策略和试探性控制策略、回溯式和图搜索式。同图搜索式相比较，回溯式策略更容易实现，存储空间更小。而对一般搜索而言，盲目搜索更适用于问题信息少和启发式知识少的情况。

5.3.3　基本的推理技术

目前，基本的推理技术分为产生式规则推理、基于案例的推理、模型推理和神经网络推理技术。

（1）产生式规则推理

产生式规则推理是假言推理，推理机＝搜索＋匹配。在推进过程中，一边搜索一边匹配，匹配需要找事实。这个事实一是来自规则库中的规则，二是来自向用户提问。匹配时会出现成功或不成功，不成功的会引起搜索中的回溯和由一个分支向另一个分支的转移，可见在搜索中包含了回溯。如果对推理中的搜索和匹配过程进行跟踪和显示，则可形成向用户说明的解释机制。

本研究采用产生式规则推理技术，该技术直观易懂、表现形式简单，采用"If(条件)–Then(结论)"的表达模式，有明确的求解目标。这种方法适合于提取地图注记配置规则和配置参数等知识，而且符合 RuleML 文件的组织结构。

（2）基于案例推理

基于案例推理方法最早是由耶鲁大学计算机系教授 Roger Shank 提出来的。

基于案例的推理是一种类比推理方法，其思想是用过去成功的案例或经验来解决当前的问题，具有良好的自学习功能，能较好地解决知识获取的瓶颈问题，比较适合于经验积累较为丰富的问题领域。

在个案处理的过程中，源案例库由已有的案例形成。采用基于案例推理的技术，根据案例类别，从对应的源案例库中找到与咨询案例相似的案例，然后把这些案例的处理结果复用到咨询案例中（胡运发，2003）。

（3）模型推理

一个应用问题的解决往往需要多个模型共同完成。如表示系统各部件的部分/整体关系的结构模型，表示各部件几何关系的几何模型，表示各部件的功能和性能的功能模型，表示各部件因果关系的因果模型，等等。

模型推理实际上就是根据问题的具体需要，选择多个相应的模型进行组合，按照适当的顺序排列，规定各模型运行时输入、输出数据的来源及去向，以求解问题。数值结果还应该经解释后输出给用户。

（4）神经网络推理

神经网络推理是基于神经网络模型，采取类似于人脑或自然神经网络对信息感知与处理等智能行为的方式，完成知识的推理过程。神经网络推理具有高度的非线性。神经网络的结构决定了其推理行为。目前，已经建立了数十种神经网络模型，从结构上看，主要分为前向网络和反馈网络两种。因此，神经网络分为前向推理和反馈推理。

前向神经网络中各神经元是按层次排列的，组成了输入层、中间层（隐含层，可为多层）和输出层。每一层的神经元只接受前一层的神经元的输出，神经元从一层连接至下一层形成单向流通连接，外部信号从输入层经中间层依次传递到输出层，网络中间没有信号反馈的连接回路，如图5-10(a)所示。常见的前向神经网络有多层感知器(MLP)、学习向量量化(LVQ)网络等。

前向推理是基于前向神经网络的一种根据原始数据向结论方向所进行的推理，在神经网络的推理过程中表现为：对网络的最里层输入层加载原始数据或经过神经网络前置处理器编译后的数据，由此发出正向运算。经过中间层的运算，达到网络的最上层输出层，获得输出数据，并且由后置处理器解释这一数据，从而获得概念性的结论。

反馈神经网络中各神经元不仅接受前一层的神经元输出信号，而且还接受其他神经元(本层或后续层的神经元)的输出，多个神经元互联组成一个互联神经网络，该网络中存在信号的反馈回路，如图5-10(b)所示。常见的反馈神经网络有 Hopfield 网络、Elmman 网络、Jordan 网络等。

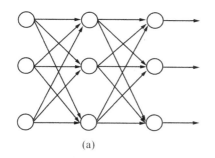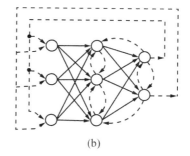

图 5-10　前向神经网络和反馈神经网络

反馈推理是基于反馈神经网络的一种推理过程：它是由目标出发，为验证结论而寻找根据，可认为是系统执行解释性推理。其推理过程如下：当初始条件被调置到神经网络知识库中的某一知识块，反向推理机制将自动决定这个初始条件是由神经网络知识库中的哪些知识单元所推出。此时，这个初始条件能够被解释为一个询问，且神经网络反向推理的行为能够被展现为使用系统中已编译的知识来回答这个询问（刘伟，2004）。

5.3.4　模式匹配

在进行知识推理的过程中，一个突出的问题就是判断搜索得到的知识是否可用，即知识与当前事实的匹配问题，也称模式匹配。模式匹配的效率直接影响着知识推理的执行效率。这一直是专家系统设计人员最关心的问题。在一些产生式系统中，90%的时间花费在模式匹配的操作上（吴泉源，刘江宁，1995）。因此，研究高效实用的模式匹配算法，对提高产生式系统的效率有着重要的意义。

定义 5.1　可满足规则：一个规则称为可满足的，若规则的每一模式均能在当前工作存储器中找到可匹配的事实，且模式之间的同一变量能取得统一的约束值。形式化地说，规则：

rule1：IF　P_1, P_2, $\cdots$, P_n　THEN　Q_1, Q_2, $\cdots$, Q_m

称为可满足的，若存在一个置换 σ，使得对每一个模式 P_i，在工作存储器中有一个元素 W_i，满足

$$P_i\sigma = W_i,　(i = 1, 2, \cdots, n)$$

这里，σ 作用在某个模式的结果称为模式实例，σ 作用在整个规则的结果称为规则实例。

定义 5.2 冲突集：由全体规则实例构成的集合称为冲突集。

由于冲突集中的规则实例均为可满足的，它们都等待解释程序的调度执行，因此，冲突集也称为日程表（agenda）。

模式匹配算法的任务是：给定规则库，根据工作存储器的当前状态，通过与规则模式的匹配，把可满足规则送入冲突集，把不可满足的规则从冲突集中删去。

常见的模式匹配算法有线性推理算法（Linear）、Treat 算法、LEAPS 算法、马尔可夫算法和 Rete 算法。

（1）线性推理算法（Linear）

Oracle 和 Haley 所发明的线性推理算法是一种比较简单直接的用于规则匹配的算法（Oracle，2009）。线性推理算法的主要思想是：首先需要将所有的规则进行排序，形成一个从左至右单向的顺序队列，在每次正向推理周期中都可以使用这个顺序排列的队列。顺序访问这样的队列可以更加充分利用系统的缓冲，同时由于规则队列的访问是只读进行的，可以支持多个并行的访问来进一步提高算法的性能。但是这个优化过的算法是 Oracle 专利所有的，所以应用还是非常有限的。

（2）Treat 算法

Treat 算法和 Rete 算法思想相对，采取用时间换空间的思路，所以它的内存使用比 Rete 算法要明显少得多（Wright，Marshall，2003）。Treat 算法对于中间结果不进行缓冲，而是按照需要重新计算模式匹配（Miranker，1987）。Treat 算法对于事实的新增和删除是不对称的，由于缺少已计算过的中间匹配结果缓冲，所以新增的事实需要花费较多的时间来进行处理，而删除在 Treat 算法中则比较简单。

（3）LEAPS 算法

LEAPS（Lazy Evaluation Algorithm for Production Systems）算法，即产生式系统的懒惰评估算法，是 Treat 算法的一种扩展。相对于 Rete 算法和 Treat 算法来说，LEAPS 算法有更好的空间复杂度，比较适合于在大型的数据库中进行规则的匹配。LEAPS 算法的主要改进是对元素进行 Lazy 评估，只在必要的时候才会创建元素，比如当规则条件中存在 not 或者 exists 条件的时候才创建并评估元素。LEAPS 算法是通过运用复杂的数据结构和规则搜索算法来提高规则匹配算法执行效率的，在 OPSS 规则编译器的实现过程中，证明 LEAPS 算法比 Rete 算法和 Treat 算法要快几个数量级（Batory，1994）。这种显著的速度提升主要是因为 LEAPS 采用了复杂的数据结构和搜索算法来加快规则激活的速度。LEAPS 数据结构和算法之所以难以理解，部分原因在于关系数据库概念不能处理 LEAPS 算法的延迟评估特征。目前，LEAPS 算法的实现还是试验性质的，用于生产环境还需要慎重考虑和进行严格的测试。

（4）马尔可夫算法

马尔可夫算法和 Rete 算法分别代表了模式匹配算法中用规则匹配事实和用事实匹配规则的两种不同思想。

马尔可夫算法就是把一组按优先排序的产生式顺序作用于输入串。如果最高优先级的规则不适用，则尝试次高优先权的规则，依此类推。如果最后的产生式规则不适用输入串，则使用一个终止产生式结束算法。

（5）Rete 算法

Rete 算法通过在网络上存储规则信息来提高反应和规则激发速度，比起传统的一个一个检查大量的 IF-THEN 预计快得多。算法通过限制一个规则激发后重新计算冲突集合的耗费来提高前向推理系统的速度。

虽然马尔可夫算法可作为专家系统的基本准则，但对具有大量规则的系统来说它是低效的。在产生式系统中，匹配过程不断地进行。通常，事实表在每次执行中都会被修改，添加新的事实到事实表或删除旧的事实。这些改变可令之前不满足条件的模式得到满足。在每次循环后，令推理机检查每条规则以指导对事实的搜索方式提供了一种简单直接的匹配模式，但是这种方法的时间冗余性太慢。一般而言，一条规则的运行只会改变事实表中的少数事实。所以，事实表中的变换一般只影响很少部分的规则。因此，令规则推动对所需事实的搜索，需要大量不必要的计算。以马尔可夫算法为代表的算法在这种环境下表现出一种低效性。相反，以 Rete 算法为代表的一类算法则是通过存储不断循环中匹配过程的状态，并且只重新计算在事实表中发生了变化，又反映到本次状态中的变化来完成的。Rete 算法也有不足的地方，本研究将针对 Rete 算法在地图注记配置模式推理过程的不足进行改进。

5.4 Rete 概述

在知识推理过程中，对规则与事实的选择匹配策略进行控制，以提高推理效率的算法称为模式匹配算法。Rete 算法是一种前向规则快速匹配算法，其匹配速度与规则数目无关。

5.4.1　Rete 算法简介

Rete 算法是由美国卡耐基·梅隆大学的 Charles L. Forgy 于 1979 年在其关于 OPS 专家系统外壳的博士论文中提出的（Forgy，1982）。术语"Rete"来源于拉丁文"rete"，即"网"的意思。Rete 算法通过形成一个 Rete 网络进行模式匹配，利用基于规则的系统的两个特征，即时间冗余性（temporal redundancy）和结构相似性（structural similarity），来提高系统模式匹配效率。

目前，很多流行的产生式系统，如 OPS、CLIPS、JESS、Drools、Soar 和 NxBRE 等都是基于 Rete 算法实现的。就是这些类似 Rete 算法的快速模式匹配算法，奠定了专家系统走向实用的基础。

Rete 算法是目前效率最高的一个前向链推理算法，其基本思想是保存过去匹配留下的全部信息，以空间代价来换取产生式系统的执行效率。对每一个模式，附加一个匹配元素表来记录工作区中所有能与之匹配的事实（或元素）。当一个新元素加入工作区时，算法找出所有能与之匹配的模式，并将新元素加入到匹配元素表中。当一个元素从工作区中删除时，同样找出所有与该元素匹配的模式，并将元素从匹配元素表中删除。

5.4.2　索引计数匹配法

Rete 算法是在索引技术匹配算法的基础上实现的快速模式匹配算法，它通过在网络上存储规则信息来提高速度。在讨论 Rete 模式匹配算法前，有必要先分析一下索引计数匹配算法是如何进行的，这样有助于理解 Rete 算法。

索引计数匹配法是早期专家系统采用的一种方法。其基本思想是：为所有规则的全部模式建立一张索引表，工作存储器中一个具体事实可通过它来找到可能匹配的模式实例；对每一个模式实例，给出一个计数域，记录工作存储器中能与这一模式匹配的事实个数；对于每一条规则，也给出一个计数域，记录它能与工作存储器中事实相匹配的模式个数；每一个模式和规则的计数初始值为 0，每当工作存储器有修改时，索引计数匹配算法开始工作，其方式如下：

步骤一，按索引表找到所有与修改部分可能匹配的模式实例。

步骤二，如果修改操作为增加一个元素，则遍历可能匹配的模式表，将与修改部分匹配模式的计数域值加 1；如果修改操作为删除一个元素，则遍历可能与修改匹配的模式表，将与修改部分匹配的模式的计数域值减 1。

步骤三，对每个匹配的模式，找到其所属规则，如果该模式为首次成功匹配，即计数域由 0 变成 1，则相应规则的计数域的值加 1，如果该模式计数域减到 0，则将该规则中计数域值减 1。

当规则计数域值达到其模式个数，且模式实例之间的同名变量能取得一致化约束时，说明该规则为可满足的，相应规则实例送入日程表中。如果该规则由可满足变为不可满足，且该规则仍在日程表中等待调度，则从日程表中删去该规则对应的实例。

5.4.3 Rete 模式匹配算法

Rete 算法解决的第一个问题就是事实同规则如何匹配的问题，即从事实出发匹配规则，还是从规则出发匹配事实。

在基于规则的系统中，匹配过程不断地重复进行。通常，事实列表在每次执行中都会被修改，添加新的事实到事实列表或删除旧的事实。这些改变可令先前不满足条件的模式得到满足，反之亦然。匹配问题因此成了不断进行的过程。在每次循环过程中，随着事实的添加和删除，必须对已满足条件的规则集合进行维护和更新。

一般说来，一条规则的运行或者数据库中数据的更新只会改变事实列表中少数事实，即系统中的事实随时间改变的速度很慢。在每次循环中，仅添加和删除很少一部分事实，所以，事实列表中的变化一般只影响很少部分的规则。因此，令规则推动对所需事实的寻找，需要大量不必要的计算。这是因为，在当前循环中，大多数规则所找到事实很可能与上一次循环所找到的相同。图 5-11(a)显示出这种低效的方法。阴影部分代表了对事实列表所做的改变。正如图 5-11(b)所显示的，在不断循环中，通过记住那些已经匹配好的，然后只计算那些刚添加或删除事实所引起的必要变化，从而可避免不必要的计算。一般而言，规则是不变(或变化极少)的，而事实是不断变化的，所以应是事实寻找相应的规则，而不是规则寻找相应的事实。

Rete 模式匹配算法就是利用了基于规则的系统所具有的时间冗余性实现的一种快速模式匹配算法。它把每次识别-动作循环中匹配过程的状态都保存下来，只有在工作区中事实发生了变化时才重新计算状态的变化。例如，如果在一次执行周期中，一组模式找到三个所需事实中的两个，那么，在下一周期中，就无需对已经找到的这两个事实进行检查，只有第三个事实才是需要关注的。仅当添加或删除事实时，匹配过程的状态才被更新。如果添加、删除事实的数量与事实和模式的总数相比很小，那么匹配过程进行得很快。最糟的情况是，如果所有的事实都改变了，那么，所有的事实将与所有的模式进行匹配。

另外，Rete 算法为了提高匹配效率，还利用了规则中结构相似性的特点。

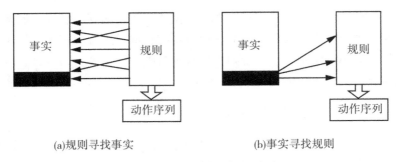

(a)规则寻找事实　　　　　　　　　　(b)事实寻找规则

图 5-11　事实与规则匹配方向

结构相似性是指许多规则通常包含了相似的模式或模式群。利用这一特性，Rete 算法通过将公共部分放在一起来提高效率，因为公共部分不必多次计算。

5.4.4　Rete 匹配网络及其建立

Rete 算法的核心就是建立 Rete 匹配网络。Rete 算法的编译结果是规则库对应的 Rete 网络，如图 5-12 所示。Rete 网络是一个事实可以在其中流动的图。Rete 网络的节点可以分为四类：根节点（Root Node）、类型节点（Type Node）、Alpha 节点（也称为 1-input 节点）、Beta 节点（也称为 2-input 节点）。其中，根节点是一个虚拟节点，是构建 Rete 网络的入口。类型节点中存储事实的各种类型，各个事实从对应的类型节点进入 Rete 网络。

Rete 匹配网络是一个有向无环图，表示了更高级的规则集，通常在运行时用内存中的对象构成的网络表示。Rete 匹配网络匹配规则的条件部分和事实，就像关系型查询处理器，执行有限制条件的基于任意数量数据元组的预测、选择和连接。

Rete 匹配网络中 Alpha 节点有 Alpha 存储区和一个输入口；Beta 节点有 left 存储区和 right 存储区以及左右两个输入口，其中 left 存储区是 Beta 存储区，right 存储区是 Alpha 存储区。存储区储存的最小单位是工作存储区元素（Working Memory Element，WME），WME 是为事实建立的元素，是与非根节点代表的模式进行匹配的元素。Token 包含单个或多个 WME，用于 Beta 节点的左侧输入。事实可以作为 Beta 节点的右侧输入，也可以作为 Alpha 节点的输入。

Rete 网络的创建过程，即 Rete 算法的编译过程如下：

步骤一，创建根。

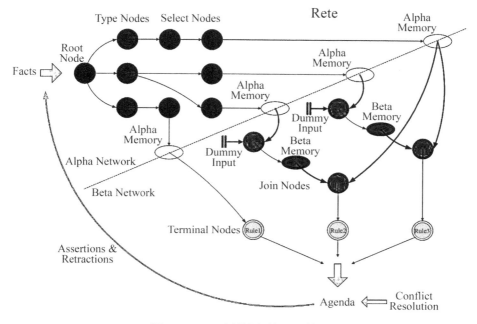

图 5-12　Rete 网络图(维基百科)

步骤二，加入 Rule1(Alpha 节点从 1 开始，Beta 节点从 2 开始)。

步骤三，取出模式 1(Rule1 的 IF 部分)，检查模式中的参数类型，如果是新类型，则加入一个类型节点。

步骤四，检查模式 1 对应的 Alpha 节点是否已存在，如果存在则记录下节点位置，如果没有则将模式 1 作为一个 Alpha 节点加入到网络中，同时根据 Alpha 节点的模式建立 Alpha 内存表。

步骤五，重复步骤四直到所有的模式处理完毕。

步骤六，组合 Beta 节点，按照如下方式：

- Beta(2)左输入节点为 Alpha(1)，右输入节点为 Alpha(2)；
- Beta(i)左输入节点为 Beta(i-1)，右输入节点为 Alpha(i) i>2；

并将两个父节点的内存表内联成为自己的内存表。

步骤七，重复步骤六直到所有的 Beta 节点处理完毕。

步骤八，将动作(Rule1 的 Then 部分)封装成叶节点(Action 节点)作为 Beta(n)的输出节点。

步骤九，重复步骤二，直到所有规则处理完毕。

5.4.5 Rete 算法匹配过程

Rete 算法的匹配过程是在 Rete 匹配网络上进行循环迭代的过程。在任何一个匹配—解析—执行循环中，引擎会匹配所有存在于工作内存的事实。一旦所有当前匹配都已找到，冲突消解器内相应的产生实例被激活，并根据冲突消解器决定的顺序执行。于是，引擎释放第一个产生实例，执行与之相关的生产动作。通常，引擎会持续释放产生实例直到所有实例都被释放。每次循环中，每个实例只被释放一次。每当有 WME 产生或回收时，引擎都会立即进入一个新循环。这个过程持续到冲突消解器中没有产生实例为止，但通常引擎都会设定一个最大迭代次数以防止迭代进入死循环。

匹配一个 Rete 网络的过程如下：

步骤一，对于每个事实，通过 select 操作进行过滤，使事实沿着 Rete 网络达到合适的 Alpha 节点。

步骤二，对于收到的每一个事实的 Alpha 节点，用 Project（投影操作）将那些适当的变量绑定分离出来。使各个新的变量绑定集沿 Rete 网到达适当的 Beta 节点。

步骤三，对于收到新的变量绑定的 Beta 节点，使用 Project 操作产生新的绑定集，使这些新的变量绑定沿 Rete 网络至下一个 Beta 节点以至最后的 Project。

步骤四，对于每条规则，用 Project 操作将结论实例化所需的绑定分离出来。连接（join）操作和投影（Project）的执行过程如图 5-13 所示。

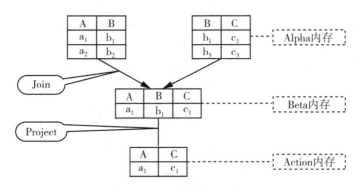

图 5-13　Rete 网络匹配过程

118

5.5 一种改进的 Rete 推理算法

虽然 Rete 算法在产生式系统中取得了极大的成功，是一种非常好的正向推理方法，也有很高的推理效率。然而也存在一定的不足，还有一定的改进空间。

5.5.1 Rete 算法的不足之处

Rete 算法的不足之处主要有两个方面：一是由于引入了 Beta 寄存器，需要保存大量部分匹配的结果，因此需要很大的存储空间；二是由于一个 Beta 寄存器可能有多个扇区，即与多个 Alpha 寄存器连接，实际上只有一个 Alpha 寄存器是非空的，因此存在大量空连接的情况。虽然每个空连接占用的时间不多，但是空连接被激活的数目会随着事实的不断变化而成线性增长，而这种增长会使匹配的代价变得异常突出。

5.5.2 Rete 算法的改进

对于存储空间的改进采用对规则左边模式进行排列顺序的方法进行改进，例如以下两个等价规则：

Rule1：	Rule2：
（find-match？ x？ y？ z？ w）	（item？ x）
（item？ x）	（item？ y）
（item？ y）	（item？ z）
（item？ z）	（item？ w）
（item？ w）	（find-match？ x？ y？ z？ w）

两个规则都含有 5 个 Alpha 寄存器和 4 个 Beta 寄存器。

对于规则 Rule1，寄存器的存储见表 5-5。

表 5-5 　　　　　　　　　　规则 **Rule1** 的寄存器

寄存器	模式	存储
$\alpha 1$	（find-match？ x？ y？ z？ w）	f1
$\alpha 2$	（item？ x）	f2 f3 f4 f5 f6 f7 f8
$\alpha 3$	（item？ y）	f2 f3 f4 f5 f6 f7 f8

寄存器	模式	存储
$\alpha 4$	（item? z）	f2 f3 f4 f5 f6 f7 f8
$\alpha 5$	（item? w）	f2 f3 f4 f5 f6 f7 f8
$\beta 1$	$\alpha 1\&\alpha 2$	f1
$\beta 2$	$\beta 1\&\alpha 3$	f1
$\beta 3$	$\beta 2\&\alpha 4$	f1
$\beta 4$	$\beta 3\&\alpha 5$	f1

总共需要 1+7+7+7+7+7+1+1+1+1＝40 单位的存储空间。

然而对于规则 Rule2，寄存器的存储见表 5-6。

表 5-6　　　　　　　　　　　　**规则 Rule2 的寄存器**

寄存器	模式	存储
$\alpha 1$	（item? w）	f2 f3 f4 f5 f6 f7 f8
$\alpha 2$	（item? x）	f2 f3 f4 f5 f6 f7 f8
$\alpha 3$	（item? y）	f2 f3 f4 f5 f6 f7 f8
$\alpha 4$	（item? z）	f2 f3 f4 f5 f6 f7 f8
$\alpha 5$	（find-match? x? y? z? w）	f1
$\beta 1$	$\alpha 1\&\alpha 2$	［f2 f2］［f2 f3］…［f8 f8］
$\beta 2$	$\beta 1\&\alpha 3$	［f2 f2 f2］…［f8 f8 f8］
$\beta 3$	$\beta 2\&\alpha 4$	［f2 f2 f2 f2］…［f8 f8 f8 f8］
$\beta 4$	$\beta 3\&\alpha 5$	f1

总共需要 $7+7+7+1+7\times7+7\times7\times7+7\times7\times7\times7+1=2816$ 单位的存储空间。

对于空连接的发生，采用"动态连接法"来解决这个问题（付一凡，2009）。其主要思想是当 join 节点中的 Alpha 存储器为空时，就把这个 join 节点从它的父节点 Beta 存储器节点中删除，这样当该 Beta 存储器为真，要进行 join 连接时，就不会发生空连接。当 Alpha 存储器节点由空变成非空时，那么动态地把已删除的 join 节点加入到该 Beta 存储器节点的子链表当中。这种方法对于 Beta 节点有多个扇区的情况十分有效，如图 5-14 所示。

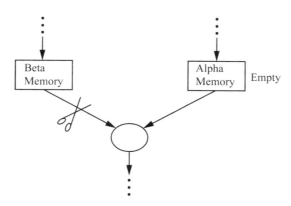

图 5-14　Beta 节点不连接 Alpha 为空的 join 节点

动态连接法分两步走：首先是动态不连接函数的实现，即根据函数参数传递得到 Alpha 为空的 Alpha 节点指针，将 Alpha 相关的所有 join 节点从相应的 Beta 节点的子链表中删除。其次是当 Alpha 节点由空变成非空时，就将与该节点相关的 join 节点加入到相应的 Beta 节点的子链表的表头中。之所以加入到表头是因为推理的继续必然与新事实有关，所以在激活连接时它可以最先被激活，从而减少在 Beta 节点的子链表的检索时间，提高推理效率。

5.6　本章小结

在知识表示方面，本章从知识的本质出发，阐述了知识的定义和特性；基于知识表示的两个基本观点和知识形式化表达的要求，分析了各种知识表达的方法及其适用领域。针对地图注记配置知识的特点，选用产生式表示法和基于对象的 XML 表示的结合体 RuleML 语言作为地图注记配置知识的表示语言。

对 RuleML 语言的结构特点、基本语法进行了研究之后，定制了一套适合地图注记配置知识的转译工具。并针对地图注记配置知识中的事实性知识、规则性知识以及配置或推理过程产生的过程性知识进行了知识表示的转移。提出了从制图人员所使用的自然语言到规则引擎所使用的规则语言之间的形式化表达。

在知识推理方面，本章从知识推理的方法（及其分类）和控制策略（包括推理策略和搜索策略）出发，分析了几种基本的推理技术，指出产生式规则推理更适合于提取地图注记配置规则和配置参数等知识，而且符合 RuleML 文件的组织结构。

通过比较几种模式匹配的算法，选择 Rete 算法作为知识推理中的最佳匹配算法。本章在简要介绍 Rete 算法的基础上，针对其不足提出了改进方法算法，减少了存储空间，提高了推理效率。

第六章 基于规则引擎的地图注记自动配置框架

基于本书前几章的研究成果，地图注记的自动配置问题可以分解为地图注记配置规则的定制、地图注记的配置模式的选择、地图注记配置参数的计算和地图注记的优化。

规则引擎脱胎于产生式系统，也称基于规则的专家系统。其设计的目的就是将行业知识与计算机程序设计剥离开来：知识的制定者不需要理解程序设计者的具体行为；程序设计者不需要担心业务逻辑或业务规则的不断变化。基于这一思想，本书提出了基于规则引擎的地图注记自动配置框架。

6.1 产生式系统

如前文所述，规则引擎源自于产生式系统，在讨论规则引擎如何完成地图注记配置模式推理之前，有必要先了解一下产生式系统，这样有助于对于规则引擎的理解。

产生式系统结构简单，规则的 IF-THEN 形式清晰，推理符合人的认知过程，并容易实现。产生式系统用来描述若干个不同的以一个基本概念为基础的系统。这个基本概念就是产生式规则或产生式条件和操作的概念。在产生式系统中，论域的知识分为两部分：用事实表示静态知识，如事物、事件和它们之间的关系；用产生式规则表示推理过程和行为。

6.1.1 系统组成

一个产生式系统包括三个部分：规则库（或知识库）、工作存储器（或总数据库）和控制子系统（或推理机）。它们的结构如图 6-1 所示。

①规则库（Rule Base），是中心数据库，存储各类模拟人类问题求解过程的产生式规则。产生式规则是一个以"如果满足这个条件，就应当采取某些操

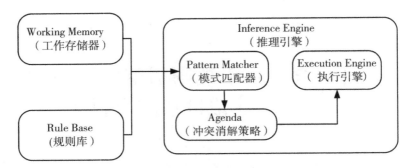

图 6-1　基于规则的产生式系统结构图

作"形式表示的语句。例如，规则：

"如果，注记要素类型为面，并且尺寸小于等于 2.0，

那么，该注记要素的注记配置模式为点注记配置模式"

产生式的 IF(如果)部分被称为条件、前项或产生式的左边。它说明应用这条规则必须满足的条件；THEN(那么)部分被称为操作、结果、后项或产生式的右边。在产生式系统的执行过程中，如果某条规则的条件满足了，那么，这条规则就可以被应用；也就是说，系统的控制部分可以执行规则的操作部分。产生式的两边可用谓词逻辑、符号和语言的形式，或用很复杂的过程语句来表示。这取决于所采用数据结构的类型。

附带说明一下，这里所说的产生式规则和谓词逻辑中所讨论的产生式规则，从形式上看都采用了 IF-THEN 的形式，但本研究中所讨论的产生式更为通用。在谓词运算中的 IF-THEN 实质上是表示了蕴含关系，也就是说要满足相应的真值表。这里所讨论的条件和操作部分除了可以用谓词逻辑表示外，并不受相应的真值表的限制，还可以有其他多种表示形式，如拓扑关系检查等。

②工作存储器(Working Memory)：有时也被称作上下文，当前规则库的暂时存储器，它保存系统的当前状态。

③推理引擎(Inference Engine)：即规则推理的控制策略，其作用是说明下一步应该选用什么规则，也就是如何应用规则。通常从选择规则到执行操作分3 步：模式匹配器(Pattern Matcher)、议程(Agenda)和执行引擎(Execution Engine)，详细介绍见 6.3 节。

6.1.2 推理过程

产生式系统的推理一般步骤如下：

步骤一，初始化数据库，输入环境信息；

步骤二，搜索规则库，找出前提条件与数据库中事实相匹配的规则，若能找到则转到步骤三，否则转到步骤五。步骤二主要包括两个子步骤：①查找可用的规则，即匹配成功的规则；②从匹配成功的规则中按照某种冲突消解机制选出要执行的规则。

步骤三，如果在步骤二中所得到的规则的后件为某个结论，将该结论添加到数据库中，如果后件为操作，则执行该操作。然后对该规则作上标记，表示已经使用过该规则。

步骤四，检查数据库中是否包含问题解，如果已经包含，则终止问题的求解过程；否则转到步骤二。

步骤五，要求用户进一步提供有关问题环境的信息，若能提供，则转到步骤二，否则问题结束。

步骤六，如果规则库中的所有规则全部使用完毕，则终止问题的求解。

产生式系统有两种最基本的推理方式：正向推理（数据驱动）和反向推理（目标驱动）。

正向推理从已知事实出发，逐步推导出最后结论，其推理过程大致是：

步骤一，用工作存储器中的事实与产生式规则的前提条件进行匹配。

步骤二，根据冲突消解策略从匹配的规则实例中选择一条规则。

步骤三，执行选中规则的动作，依次修改工作存储。

步骤四，用更新后的工作存储器，重复上述几步工作，直到得出结论或工作存储器不再发生变化为止。

反向推理则是首先提出假设，然后验证这些假设的真假性，找到假设成立的所有证据或事实。其推理过程大致是：

步骤一，看假设是否在工作存储器中，若在，则假设成立，推理结束。

步骤二，找出结论与此假设匹配的规则。

步骤三，根据冲突消解策略从匹配的规则实例中选择一条规则。

步骤四，将选中规则的前提条件作为新的假设，重复上述几步工作，直到假设的真假性被验证或不存在激活的规则。

两种推理方式的选择主要取决于推理的目标和搜索空间的形状。一方面，如果目标是从一组给定事实出发，找出所有可能的结论，那么，通常使用正向推理。另一方面，如果目标是证实或否定某一特定结论，那么，通常使用反向推理，否则，从一组初始事实出发盲目地正向推理，可能得出许多和所要证实的结论无关的结论。

从搜索空间的形状看，推理方式的选择主要考虑下面两个因素：

①方向分支因素，即从一节点可以直接到达的平均节点数。一般从分支因素低的方向开始推理更加有效。

②开始状态数与终止状态数，即当两个方向的分支因素没有明显差异时，从小的状态集出发朝大的状态集推理，这样找解比较容易。

在目前有代表性的产生式系统中，OPS 系统采用的是正向推理，MYCIN 系统则主要采用反向推理。无论何种推理，许多事实或证据实际上往往不是一开始都必须具备的，而是在推理过程中通过交互方式不断追加的。另外，双向推理也是常用的。双向推理往往从给定的部分数据或不充分的证据出发向前推理，然后以最有可能成立的结论为假设，再进行向后推理，验证所缺的事实是否存在。两者不断逼近，在得到正确的结论之前，总是这样来来往往地进行推理。这种方式与人们日常进行决策时的思维模式相似，对于复杂的问题求解系统可能有更高的求解效率，求解过程也更为人们所理解。

本研究的地图注记配置模式的推理采用正向推理：从地物要素的客观事实出发，包括地物要素的类型、属性、图形特征，在规则库中搜索和匹配相应的规则，根据规则优先级，生成中间结论(选择注记配置模式以及配置参数)，最终执行注记配置。

6.1.3 冲突消解策略

冲突消解策略是指当有一条以上规则的条件部分和当前数据库相匹配时，决定首先使用哪一条规则的策略。由推理机创建的一个规则优先级表，这些规则都匹配工作内存中的事实。如果同时有多个规则和事实匹配，则优先级最高的被触发。被触发规则的动作可能会产生新的事实，新的事实也被加入工作内存。产生式系统中常用的冲突消解策略有如下几种：

①折射性(Refractiveness)：折射性策略是指用同样的数据实例化某条规则时，该规则不能先后两次被激活并选中。

②就近性（Recency）：就近性策略是指选择最新激活的规则，即采用工作区中最新的内容去实例化规则，与深度优先的搜索相似。

③公平性（Fairness）：与就近性策略相反，公平性策略是指先激活的规则先执行。与广度优先的搜索相似。

④特殊性（Specificity）：特殊性策略是指对于前件具有较多子句的规则优先激活并选中。

6.2　规则引擎 NxBRE

规则引擎起源于产生式系统，规则引擎可以看作是一套组件，负责将应用程序中的业务规则（业务逻辑）抽取出来，使用预定义的语义模块编写业务规则。也可以看作是一种嵌入在应用程序中的组件，它的任务是把当前提交给引擎的数据对象与加载在引擎中的业务规则进行测试和比对，激活那些符合当前数据状态下的业务规则，根据业务规则中声明的执行逻辑，触发应用程序中对应的操作。在具有一定结构的商务规则处理中，规则引擎具有无可比拟的优势。

在本研究中，将规则引擎视为后一种定义来应用，即作为推理机将规则写入数据库，同时在用户提交查询时构建匹配网络，由用户提交的查询条件或查询值进行规则匹配，激活具有查询值的规则得出结论。

6.2.1　NxBRE 简介

NxBRE 是第一个基于 .NET 平台的开源规则引擎，遵从 LGPL（GNU Lesser General Public License）许可。相应地，其基于 Java 平台下的组件是 JBxRE。

NxBRE 的优势首先在于它的简单，其次是易于扩展的能力，在流引擎中使用委托的自定义代码或在推理引擎中编写自定义 RuleBase 适配器或业务对象绑定。NxBRE 的优势主要体现在能解决以下两个问题：

①复杂的业务，规则不能表示成一个统一的结构，但需要有自由的逻辑表达式；

②新规则必须符合意想不到的要求，从而不断改变业务规则带来的强制重新编译。

此外，NxBRE 是一个开源项目，公开的代码有利于进行科学研究和系统开发，而且版本随时更新下载，目前最新的版本是 NxBRE3.2。NxRBE 接受基于 RuleML 格式的知识和事实文件，由于各种规则引擎工具有各自的语言标准，不便于不同系统之间的共享和信息交换，因此，目前业界倡导使用 RuleML 标准格式，NxBRE 正是符合了这种发展趋势，其推理过程如图 6-2 所示。

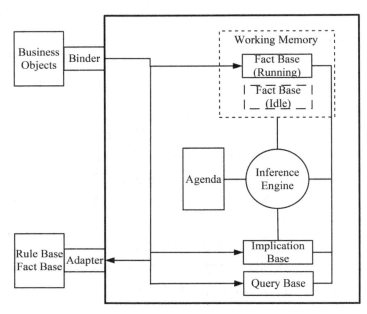

图 6-2　NxBRE 推理示意图

NxBRE 引擎提供了两种不同的工作方式：

①流引擎，在外部实体中使用 XML 控制应用的流程。它是一个 C#的包装，提供了所有的流式控制命令（IF-THEN-ELSE、WHILE、FOREACH），商业对象和结果的上下文。它一开始是作为 JxBRE v1.7.1（来自 Sloan Seaman）的一个接口。

②推理引擎，一个前向链式（数据驱动）推理（deduction）引擎。其设计的方式鼓励角色分离，即分离设计业务规则的专家和绑定它们到业务对象的程序员。

推理引擎非常适合知识库和专家系统，因为系统中事实的保存和延续很重要，它们代表了知识。流引擎其实是通过瞬时遍历逻辑分支利用布尔表达式对数据进行实时评估，适合"IF-THEN-ELSE-WHILE"的知识推理。本书的研究内容是基于推理引擎实现地图注记配置模式推理。因此，对流引擎不做阐述。

NxBRE 内置的 Inference Engine 的功能是进行匹配搜索，使用方便，效率较高，适用于本研究的任务。通常，一个典型的推理引擎工作循环包括以下几个步骤：

步骤一，应用程序初始化推理引擎，调用引擎接口载入规则库，并绑定对象实例；

步骤二，使用冲突消解器对规则实例进行排序并送往匹配器进行匹配；

步骤三，匹配成功的规则实例由执行引擎执行；

步骤四，如果在此过程中有新的事实产生，转到步骤二开始一个新的迭代，直到处理完成或产生异常。

步骤五，将最后执行的结果返回给应用程序。

6.2.2 推理引擎(Inference Engine)

推理引擎(Inference Engine)采用演绎法(Forward-Chaining 正向链)，支 RuleML Datalog 中所规定的概念，例如事实(Fact)、查询(Query)、推论(Implication)，以及诸如规则优先级(Rule Priority)、互斥性(Mutual Exclusion)和前置条件(Precondition)等这些在很多商业引擎中都用到的概念。该引擎的设计目的是将设计行业规则的专家的工作与计算机程序人员的工作剥离开。

推理引擎的推理过程由以下步骤组成：

步骤一，如果业务对象绑定处于 Control 模式，对其进行控制。

步骤二，如果业务对象绑定处于 Before After 模式，调用其 Before Process 方法。

步骤三，如果达到最大迭代次数，抛出一个异常。

步骤四，使用进程表对要处理的推论段进行排序。

步骤五，对所有排序的推论段进行赋值。

步骤六，如果在步骤五中有新的事实产生，转到步骤三开始一个新的迭代。

步骤七，如果业务对象绑定处于 Before After 模式，调用其 After Process 方法。如果有新事实声明或撤销，转到步骤三开始一个新的迭代。

推理引擎的推理流程如图 6-3 所示。

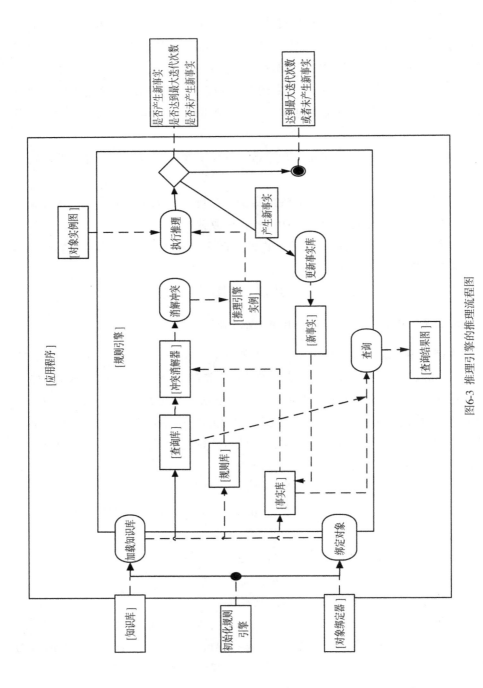

图6-3　推理引擎的推理流程图

6.2.3　NxBRE 运行模式

如前文所述，出于将设计行业规则的专家的工作与计算机程序人员的工作剥离开的设计目的，NxBRE 的运行对于用户和程序开发人员是独立开的。

就用户层面来说，规则引擎 NxBRE 是规则文件与应用程序的中介，用户提供的规则库经过 NxBRE 处理，将处理结果反馈给应用程序。用户并不需要了解 NxBRE 的全貌，其用户视图如图 6-4 所示。

图 6-4　NxBRE 的用户视图

对于程序开发人员而言，规则引擎 NxBRE 是业务软件的组成部分，系统软件实例化一个规则引擎接口，通过调用该接口的方法加载规则库、绑定数据，然后进行处理并查询处理结果，其开发视图如图 6-5 所示。

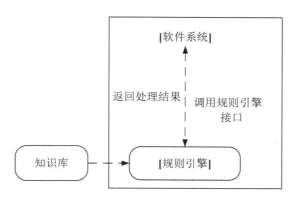

图 6-5　NxBRE 的开发视图

而就规则引擎本身来看，规则引擎包括工作内存、冲突消解器、模式匹配器、执行引擎等，其内部视图如图 6-6 所示。工作内存用于存储经过分析的规则库，可能包括事实队列、规则执行队列、静态规则集合等，并将这些数据按照一定的结构进行存储管理；冲突消解器用于安排引擎处理规则的顺序；模式匹配器根据当前上下文环境将规则与应用对象进行匹配，并将匹配成功的规则实例放入执行引擎；执行引擎存放匹配成功的规则实例，执行规则的动作部分，并将执行结果传回给应用程序（付一凡，2009）。

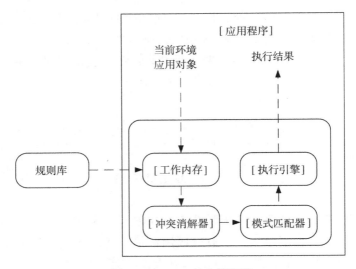

图 6-6　NxBRE 的内部视图

6.3　基于规则引擎的地图注记自动配置

6.3.1　基于规则引擎的地图注记自动配置模式框架

地图注记自动配置的过程是：将注记的要素特征（包括要素类型、要素语义和图形符号特征）与地图注记配置知识进行匹配；根据推理结果选择相应的地图注记的配置模式，从而确定地图注记对象的相关模型，完成地图注记的配置；对注记质量进行评价，将评价结果反馈给规则引擎，直至得到单个注记理想的配置结果；将全图幅注记划分成若干个相互影响很小的注记集合，对于每个注记集合完成组合优化。

基于前文的研究成果，此处提出一个基于规则引擎的注记配置模式推理的框架：由用户根据制图规范和先验知识制定地图注记配置知识库，包括事实库和规则库，该知识库在规则引擎被初始化时被加载。与此同时，规则引擎还应完成对地图注记对象的绑定，之后通过推理机的推理，为地图注记对象选择与之相匹配的注记配置模式，从而确定地图注记对象的表达模型、配置模型以及质量评价模型等，如图 6-7 所示。

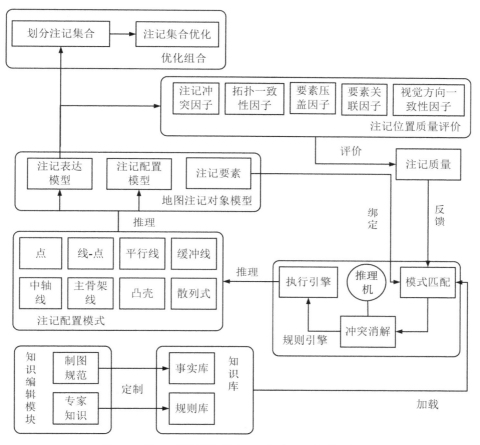

图 6-7 基于规则引擎地图注记自动配置模式框架图

6.3.2 注记对象绑定

NxBRE 的设计理念就是要将规则的描述与程序设计概念分离，以达到规则制定者与程序实现者的角色分离，从而使业务分析师和软件工程师能清晰地划分自己的职责并专注于自己的本职工作。因而，在 NxBRE 中并不提供用以直接操作对象的反射机制，这就需要采取一定的方法将规则与数据对象进行绑定。

对象绑定主要完成下列 4 个任务：

①基于对象和数据源，完成事实库的声明；

②判断独立断言与函数之间的对应关系，是否必须翻译为函数，然后回调这个函数对引擎需要的函数进行计算；

③计算自定义基于函数的原子关系；

④在推理过程中，基于推理结论声明或撤销事实库。

NxBRE 提供了三种不同的数据绑定方法：

（1）直接声明

推理引擎提供了向工作内存直接声明事实的能力，这种对象绑定方式最简单快捷，但是缺少灵活性，任何对绑定过程的改动都需要进行重新编译。

（2）规则库适配器

规则库适配器是通过实现了接口 NxBRE. InferenceEngine. IO. IRule Base Adapter 或 IExtendedRuleBaseAdapter 的类来完成对象绑定的。引擎只能加载一个规则库，但是加载完毕后可以加载许多事实库。通过自定义规则库适配器，就像从关系数据库管理系统或者网站服务器获取事实那样，用户能通过不同于直接向引擎中声明事实的方式为 NxBRE 提供事实。RuleML 适配器是 NxBRE 自带的规则库适配器之一。

（3）对象绑定器

接口 NxBRE. InferenceEngine. IO. IBinder 为对象绑定定义了更高层次的概念。实现了这个接口的类能在需要时进行特定操作，例如声明事实、激活新事实和分析事实的时候被引擎调用。

对象绑定器可以使用两种模式工作：控制模式和 Before After 模式。控制模式是指绑定器在推理前就对事实进行了声明，并安排好了引擎处理顺序等。Before After 模式是指引擎在特定时刻调用绑定器完成特定操作。绑定器不仅用来声明基于对象的事实，也能计算函数断言。NxBRE 在声明期间对函数进行计算，因此处理的过程往往是很快的，而从对象中声明事实并对其函数进行计算是相当耗时的。

一般而言，在项目的类中实现 IBinder 是一种进行快速绑定的方法，但也不够灵活，任何修改都需要对项目进行重新编译。NxBRE 提供了两种 IBinder 的实现，一种是使用流引擎对从 XML 文件中绑定数据进行控制，另一种是即时编译，实现 IBinder 接口的类文件。

为了便于地图注记对象类的扩展，地图注记对象的绑定使用对象绑定器的方法，并采用 Before After 模式。将绑定函数写入一个 . ruleml. ccb 文件中。在 NxBRE 初始化的阶段通过预编译完成注记对象类的绑定，包括对象属性的绑定、函数的绑定以及外部动作的绑定。

属性的绑定在 BeforeProcess 中，通过添加事实这一方式完成，函数和外部动作的绑定是在推理过程中调用 Evaluate 函数寻找到相应的函数。

绑定伪代码如下：

//在 Before 过程中，将对象的属性与规则中的语言变量对应
public override void BeforeProcess( )
　|
　　　//添加事实时，将注记对象 LabelObj 的类型属性 atrribution 与规则中的"类型"进行绑定
　　　　IEF. AssertNewFactOrFail("类型", new object[ ] {LabelObj, LabelObj. attribution |) ;
　|
　　　//将注记对象的动作(MoveToNextCandidatePosit( ))与规则中的 function(移至下一候选位置)进行绑定，将外部函数(LabelasPoint( ))与规则中的 function(采用点注记配置模式进行配置)进行绑定
　　　public override int Evaluate (object predicate, string function, string[ ] arguments)
　　　|
　　　　switch (function)
　　　　|
　　　　　case "移至下一候选位置" :
　　　　return ((LabelObj) BusinessObjects [" LabelObj "]) . MoveToNext CandidatePost( ) ;
　　　　　case "采用点注记配置模式进行配置" :
　　　　return ((LabelEngine) BusinessObjects [" LabelEngine "]) . LabelasPoint ( ) ;
　　　　|
　　　|

6.3.3　地图注记配置模式推理

地图注记配置模式推理是指根据规则引擎所绑定地物要素的类型、语义以及符号图形特征等事实与制图专家制定的地图注记配置知识库中的知识相匹配，经过 Rete 推理网络推导出地图注记的配置模式。从要素类型上看，地物

要素可分为点状地物、线状地物、面状地物、多点地物和多面地物；从要素语义上看，以我国地形图制作规范为例，要注记的地物要素可分为水系、居民地、地貌、道路和行政区划等；从要素的符号特性特征来看，基于前面的研究基础，地物要素可以分为大/小尺寸的，单调性为真/假的，紧凑度为高/低的，以及对称性为强/弱的。基于这些事实，规则引起与规则库中的规则匹配最终推导出注记配置模式。推导结构图如图 6-8 所示。

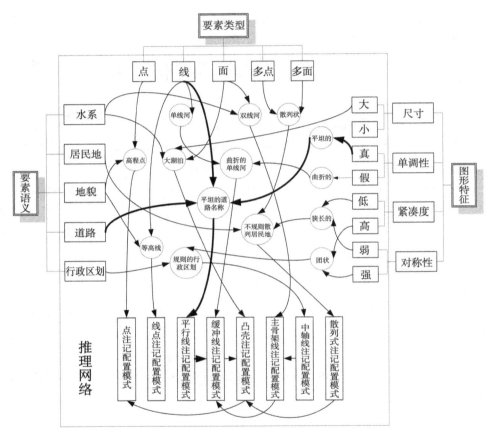

图 6-8　地图注记配置模式推理结构图

以要素 Feature1 的注记配置模式的选择为例，其符号图形以及属性如图6-9所示。要素类型、语义和图形符号可以分别产生如下三个事实：

Fact1：Feature1 为线要素。

Fact2：Feature1 为道路。

Fact3：Feature1 图形符号单调性为真。

规则库中与上述三个事实相匹配规则有两条：

Rule1：平坦的线要素可以采用平行线注记配置模式。

Rule2：等高线要素只能采用线-点注记配置模式。

得出推论：Feature1 注记配置模式为平行线注记配置模式。推理过程如图6-8 网络中粗线连接的线路。

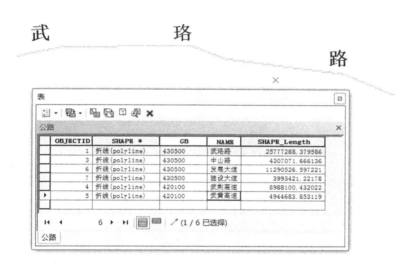

图 6-9　ArcGIS 中一个注记要素示例图

6.3.4　地图注记配置参数的推理

要实现地图注记的自动配置，仅完成地图注记配置模式的推理是不够的，还需要对配置模式中配置参数进行推理。配置参数的推理是指在配置模式推理的基础上，在配置过程中结合中间结论、新的事实以及规则库，对地图注记配置参数的重新计算。

以要素 Feature2 的注记配置参数的推理为例，Feature2 的图形符号及背景要素集如图 6-10 所示。

事实库中相关的事实有：

Fact1：点注记配置模式缺省主方向个数为 4。

规则库中相关的规则有：

Rule1：如果点注记配置模式下所有候选位置都不可接受（即评价函数值小于等于0），那么将配置参数主方向数目扩大一倍。

Rule2：点注记配置模式下主方向数目不得大于16。

Rule3：如果点注记配置模式下无理想注记结果，该要素不注记。

上述规则可以推理出一个新的规则：

NewRule1：点注记配置模式下，如果所有候选位置都不可接受且主方向数目为16，那么该要素不注记，否则将主方向数目扩大一倍进行注记配置。

在推理过程中产生的新事实有：

NewFact1：Feature2 采用点注记配置模式。

NewFact2：Feature2 的空间自由度为0.73。

在地图注记配置过程中产生如下事实：

NewFact3：Feature2 的候选位置数目为8。

NewFact4：Feature2 的可接受的候选位置数目为0。

通过规则引擎可以得到一个中间结论，该结论为一个新的事实：

NewFact5：Feature2 的配置参数中主方向数目为8。

以这个新的事实进行新一轮的配置，NewFact3 和 NewFact4 就会被替换，如果产生如下新的事实：

NewFact6：Feature2 的候选位置数目为16。

NewFact7：Feature2 的可接受的候选位置数目为8。

那么，此轮地图注记配置参数推理结束，推理过程如图 6-10 所示。

6.3.5　地图注记优化组合

受到有限的平面空间的限制，地图上的众多注记往往存在着相互制约。对单个注记而言，最好的候选位置可能影响到其他一个甚至多个注记的位置质量；可能次好的候选位置能让周边的注记位置质量得到整体的提升。当一个注记的配置会影响到另一个（或另一些）注记的配置时，就面临着全局最优化的问题。

多目标决策就是使多个目标在给定的可行区域上尽可能最优地决策问题，实际上是求解一组均衡解，而不是单个目标的最优解，也称为多目标优化问题（Multi-objective Optimization Problem，MOP）。这个"最优解"的概念衍生于著名法国经济学家和社会学家帕雷托提出的向量优化的概念，也称为 Pareto 最优。将进化算法用于求解多目标优化问题，被称为进化多目标优化（Evolutionary Multi-objective Optimization，EMO）。目前，已经提出了多种求解

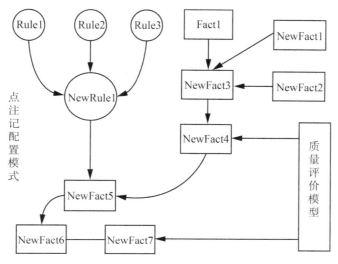

图 6-10 点注记配置模式下配置参数推理过程示意图

多目标的进化算法（Multi-objective Evolutionary Algorithm， MOEA）（Coello，1999）。

多目标优化进化算法的研究开始于 R. S. Rosenberg 在其博士论文提出的使用遗传算法解决 MOP（Rosenberg，1967），然而他当时并没有建立实际的多目标优化算法，MOP 被表述为单目标问题，并用遗传算法求解。David Schaffer 是第一个设计多目标进化算法的人，其方法称为向量评价遗传算法（Vector Evaluated Genetic Algorithm，VEGA）（Schaffer，1985）。MOEA 的发展经历了两个阶段（Coello，2006）：第一阶段从 20 世纪 80 年代中期到 90 年代中期，主要包括 NSGA、NPGA、MOGA 等（Fonseca，Fleming，1995），称为第一代 MOEA，以简单为特征；第二阶段从 20 世纪 90 年代中期至今，主要包括 SPEA、SPEA2、PAES、NSGA II、PESA 等，称为第二代 MOEA，以效率为特征，以精英保留策略为实现机制。

早期的注记配置的研究仅将点状注记的自动配置问题归结于优化组合。而本书为线定位注记以及面定位注记都定义了候选位置。因此，所有的注记都可以参与到注记整体最优解的求解中。在众多优化组合的算法中，多目标进化算法的形式简单明了，鲁棒性强，具有显著的隐式并行性。本框架中的地图注记优化组合部分根据区域连通性对全图幅注记进行了划分，针对一个注记集合运用多目标进化算法完成注记优化过程的建模和实现。

6.4 本章小结

　　本章从规则引擎的前身——产生式系统出发，阐述了规则引擎的推理过程和运行模式，基于地图注记知识推理的特点，选用 NxBRE 引擎中的推理引擎，架构了地图注记自动配置的框架：包括前文定义的注记对象的绑定策略，制图专家的知识库定制，知识库的加载和匹配，地图注记配置模式的推理以及地图注记配置参数的推理。

　　分别以"一条平坦的道路的名称注记"的配置模式的选择和"点注记配置模式下空间自由度较弱的三角点"的配置参数之一主方向数目的计算为实例，详细阐述了推理过程。最后，将全图注记按区域划分注记集合，对于每个注记采取多目标进化算法完成优化。

第七章　原型系统实现与应用研究

第六章提出了基于规则引擎的地图注记自动配置框架，将前述几章的内容有机地融合起来。本章设计实现了该框架的原型系统，是对其在技术实现层次上的进一步细化，该原型系统主要包含了地图注记配置知识管理、地图注记配置执行模块、地图注记配置模式推理三个核心模块。

本章以 1∶250 000 基本比例尺地形图制图为例，根据制图规范以及制图专家的地图注记配置知识，建立基于 RuleML 文件格式的知识库，以 NxBRE 规则引擎作为推理工具，进行 . NET 平台下的地图注记自动配置原型系统的研究。

7.1　原型系统开发环境

原型系统的硬件及操作系统开发环境为：P4 2.0 双核 CPU＋2G 内存＋Windows XP 操作系统。实现地图注记自动配置模式推理的相关开发工具主要包括：

①数据库 Oracle 10，用于存储空间数据、符号库、符号配置信息等。

②Net Topology Suite，用于空间数据建模，提供基础计算几何算法和空间索引技术。Net Topology Suite 是著名的 JTS Topology Suite 的 C＃版本，简称 NTS。JTS Topology Suite 是一个 OpenGIS 标准的 GIS 分析、操作类库。

③CartoTP，这是笔者参与研发的数字制图系统，为 GIS 平台提供快速、稳定的 GIS 解决方案。包括数据管理、符号化、空间分析等 GIS 功能。它实现了空间数据-地图数据两库一体，很好地维系了地物要素属性与符号图形的关系。

④RuleML Shema，用于地图注记配置知识的形式化表达，提供配置知识表达的语法规范。

⑤NxBRE 引擎，用于地图注记配置规则推理，为原型系统提供 API 函数，可实现地图注记知识库的加载、注记对象的绑定、推理的执行以及推理结果的

查询等功能。

　　⑥.NET 平台，用于原型系统的开发工具。

7.2　原型系统功能构架

　　原型系统的设计和开发是以数字制图系统（CartoTP）为平台的。该系统采用嵌入式插件开发技术，各功能模块相互独有，又能相互调用。基于规则引擎的地图注记配置模式推理原型系统，即注记配置模块 MapLabel，以插件的方式嵌入 CartoTP 中，提供地图注记自动配置功能。

　　原型系统由注记知识管理模块、配置模式推理模块、注记配置执行模块和注记优化模块四大核心模块组成。这四大模块都依赖于下层的地图注记表达模块、地图注记配置模块以及地图注记质量评价模块。原型系统的功能构架如图7-1 所示。

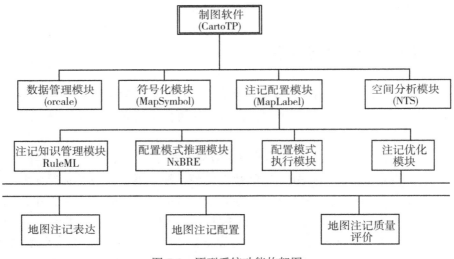

图 7-1　原型系统功能构架图

　　注记知识管理模块主要完成地图注记知识库的建设、修改和存储功能。知识库是开发基于知识的智能系统的关键。地图注记知识库分为事实库和规则库，其中事实库中主要存储制图规范中用于指导注记样式设计的事实性规则；规则库中包括所有产生式规则，每一类规则都有若干参数来充分地描述它们，这些参数通过逻辑关系<and>、<or>联接，并最终以 RuleML 文件格

142

式存储。

配置模式推理模块是本原型系统的另一关键模块。主要实现规则引擎 NxBRE 的初始化，注记对象类的绑定，调用推理引擎加载注记配置知识库(构建 Rete 网络)，注记对象事实的输入，调用注记配置执行模块完成地图注记配置(配置知识的推理，即注记配置模式以及配置参数的推理)，以及注记结果查询等功能。

注记配置执行模块是完成地图注记自动配置的实质核心。包含了本书第二章所述的基本模型和第三章所述的 8 种配置模式的具体实施过程。注记配置执行模块包含的基本模型主要归纳为以下三类：

(1)地图注记表达模型

①基于极坐标的点定位注记模型；

②基于曲线的线定位注记模型；

③基于多边形的面定位注记模型；

(2)基本数学模型

①平行线法确定线状要素上下平行定位线模型；

②缓冲区分割法确定线状要素上下定位线模型；

③约束 Delaunay 三角网法确定面状要素主骨架线模型；

④线状要素道格拉斯图形化简模型；

⑤面状要素单调化图形综合化简模型；

⑥密集点状要素宏观形态分析与图形化简模型；

⑦面状要素中轴线提取模型；

⑧散列面状要素外轮廓线提取模型。

(3)地图注记位置质量评价模型

①单点型注记位置质量评价模型；

②线-点型注记位置质量评价模型；

③线型注记位置质量评价模型；

④面域内部注记位置质量评价模型；

⑤面域外部注记位置质量评价模型；

⑥散列式注记位置质量评价模型。

注记优化模块是从地图全局优化的角度出发，完成地图注记优化组合功能。地图注记的优化组合分为地图注记的分组和注记集合的优化两个部分。前者根据知识库中所定制区域划分规则将一幅地图上的所有注记分为若干个注记集合；后者是对单个注记集合的优化。

7.3 原型系统的实施路线

本原型系统采用软件工程中的生命周期法进行分析和设计，遵循面向对象技术中的高内聚、低耦合的原则完成系统的开发实施。

原型系统的开发过程主要分为如下几个阶段：知识库的设计、推理子系统的实施、配置执行模块的开发，原型系统的集成与应用。系统的实施路线如图7-2 所示。

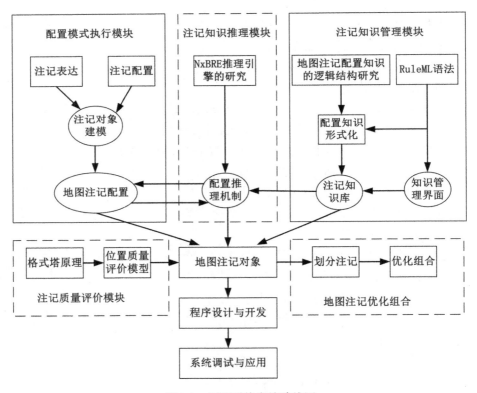

图 7-2　原型系统实施路线图

原型系统技术实施路线主要分为五大部分：

①地图注记配置技术方法的研究。主要研究地图注记的表示形式和配置模式。通过对地图注记对象进行建模，完成地图注记的自动配置，其中配置模式

的选择和配置参数的计算是自动化的关键，由此引申出基于配置规则的配置模式推理的研究。

②地图注记质量评价体系的研究。主要研究影响地图注记的格式塔因子及其度量方法，并建立地图注记位置质量评价模型，对配置效果进行评价。

③NxBRE 中推理引擎的机理研究，掌握推理引擎的运行模式，在加载地图注记知识库的同时完成与地图注记对象的绑定，并通过调用 API 函数接口实现注记对象与配置规则的匹配，最后完成注记配置模式和配置参数的推理。

④RuleML 语法(即知识表达规范)的研究。主要研究 RuleML 的组成结构和自然语言到机器语言的解析原则。基于 RuleML 语法构建地图注记配置知识库，提供友好的交互式界面给用户，完成注记配置规则的可视化定制。

⑤地图注记优化组合技术的研究。主要研究地图注记的优化集合的确定依据与方法，地图注记的优化策略等。基于多目标决策理论，提出多目标进化算法，实现地图注记的进化计算。

7.4　原型系统模块实现

7.4.1　注记知识库管理模块

注记知识的管理包括注记知识的建立、输入、修改和存储。一般而言，既有的知识会随着制图领域的需求，专家知识的完善，以及认识的深入而发生变化。因此，原型系统提出了规则定制模块的设计思路，提供制图人员友好的可视化交互界面完成 RuleML 格式下知识库的管理。规则定制模块的原理是：任何 RuleML 文件都由 $n(n \geqslant 1)$ 个规则构成，每个规则可能又由 $m(m \geqslant 2)$ 个前提条件通过一定的逻辑组合构成，每个前提条件可能再细分为子条件。但是不管条件多么复杂，最低级别的前提条件是由不可再分的最小单元<Atom>构成的。所以，注记知识管理模块类似一张不断扩大的网，知识库定制的过程就是知识库建立的过程。

(1)注记知识库结构

注记知识库包括五个独立的子库：注记事实库、配置规则库、冲突规则库、处理规则库和配置参数库。其中，注记事实库主要记录注记配置过程中事实性的知识，如"水系注记的字色是蓝色"；配置规则库主要记录配置过程中规则性的知识，如"如果要素类型是线，且要素属性是道路，且要素符号图形单调性为真，那么采用平行线注记模式"；冲突规则库中主要记录注记与要素的压盖规则，如"三角点注记可以压盖河流、地貌线……，不能压盖道路……"；处理规则库主要记录配置过程中对特殊情况的一些处理方法，如"如果面状水系内部注不下，可缩小字号，但不能小于原来字号的20%"；配置参数库主要记录各配置模式中的缺省配置参数或配置参数确定方法，如"缺省情况下，点注记配置模式的主方向为4个"。

（2）注记知识库管理机制

5个注记知识子库中，注记事实库、冲突规则库和配置参数库为关系表形式，修改和定制过程直接进行记录的添加、修改和删除即可；配置规则库和处理规则库为网络图形式，本原型系统采用定制"Atom"，并利用拖曳"与/或"关联词完成可视化的定制。

注记知识库的管理机制如下：打开或新建注记知识库（包括5个字库），在注记知识库中选择相应的子库，添加/删除/选择某一条规则，选择相应的"Atom"或定制一个新的"Atom"，在Atom编辑区内通过拖曳关联词和元素完成"Atom"的定制，在规则编辑区内通过拖曳关联词和"Atom"完成规则的定制，最后生成.ruleml文件，完成地图注记知识库的存储，如图7-3所示。

7.4.2　注记配置执行模块

地图注记配置执行模块可以看作是一个静态的重载函数。函数声明为：

Static bool LabelExecute(ref LabelObject O1，ParamentSet PS)；

函数参数中：O1为注记配置对象，PS为配置参数集。如果返回值为"false"说明该配置模式下无可接受的注记配置结果，否则返回"true"。第三章所述8种配置模式就是对LabelExecute的8个重载函数，主要区别在于参数集的不同。

LabelObject，地图注记对象，是采用面向对象的思想，将地图上需要注记的一个要素或要素集的各种特征（如要素类型、属性语义、图形符号特征）与动作（如注记配置、注记自适应调整）进行抽象得到的一个类。它包括了要注记的要素、地图注记的配置模式、地图注记的配置结果以及位置质量评价模型。

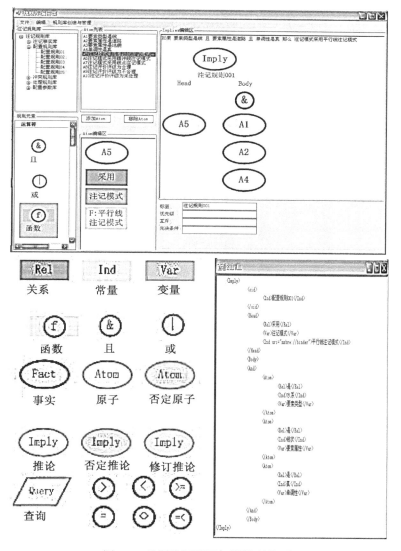

图 7-3 地图注记配置知识管理界面

7.4.3 注记知识推理模块

推理子模块在完成规则引擎的初始化后，在加载地图注记知识库的同时与配置执行模块中的地图注记对象进行绑定，通过改进的 Rete 算法完成规则与

147

事实的匹配过程。该子系统主要组成部分有：①临时存储器：规则引擎自带的 working memory 储存推理过程中产生的中间结果，相当于一个动态数据库；② 推理机：用于记忆所采用的规则和控制策略，使整个系统能以一定的逻辑方式 运行，最终获得结论并调用注记配置执行模块中相应的配置函数，完成注记的 配置。

　　基于地图注记知识库的推理过程依赖规则引擎 NxBRE 实现，如图 7-4 所 示。推理过程分为以下 6 个步骤：

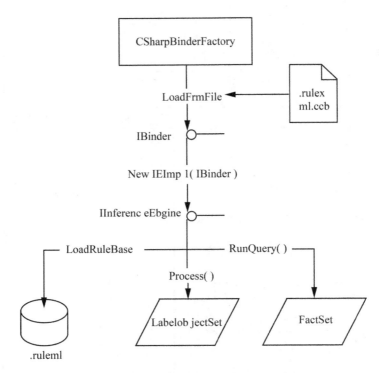

图 7-4　基于 NxBRE 地图注记知识推理流程图

　　步骤一，完成注记对象类的绑定；

　　步骤二，创建规则引擎对象；

　　步骤三，向引擎中加载基于 RuleML 语法的注记配置规则集或更换规 则集；

　　步骤四，向引擎提交需要注记的地图注记对象集合；

步骤五，命令引擎执行，进行数据和规则的匹配及其冲突处理等；

步骤六，推理出注记对象的配置模式和配置参数结果，调用配置执行模块中相应的配置函数，完成注记配置，从引擎中撤出处理过的注记对象。

注记知识推理模块用到的主要函数伪代码的函数说明如下：

IBinderbinder = CSharpBinderFactory. LoadFromFile(String BinderFilePath)；

//加载绑定文件 . ruleml. ccb

IInferenceEngine ie = new IEImpl(IBinder binder)；

//创建规则引擎对象

ie. LoadRuleBase (new RuleML09NafDatalogAdapter (String ruleBaseFile, System. IO. FileAccess. Read))；

//加载 . ruleml 知识库

IDictionary businessObjects = new IDictionary<ID，LabelObject>( )；

//创建地图注记对象集合

ie. Process(IDictionary businessObjects)；

//将注记对象集合提交给推理引擎，开始执行推理

IList<IList<Fact>> qrs = ie. RunQuery(String queryLabel)；

//查询配置结果

7.4.4 注记优化模块

注记优化模块在完成所有注记的配置之后，对地图注记按区域划分注记集合，采用多目标进化算法完成每个集合的优化。优化过程分为两步：

1. 地图注记分组

将注记结果按区域划分成若干注记集合。区域划分一般按行政区划和不连通线状要素(河流、道路等)进行划分。

2. 注记集合优化

将由 N 个地图注记组成的集合视为一个 MOP 描述的对象，以单个地图注记的评价函数 $f(A)$ 作为目标函数，以单个评价因子 $e(A)$ 作为约束条件，将各注记候选位置的一种组合 i 视为一个决策向量，得到的配置结果作为一个目标向量 u。则最优化目标函数如下：

$$f(i) = (f(A_1)，f(A_2)，\cdots，f(A_n))$$
$$e(i) = (A_1(F)，A_1(A)，\cdots，A_n(F)，A_n(A)) \geqslant 0$$

在各个注记目标中随机提取一个评价较高的候选位置，组合成一个决策向量，也就是一个个体。个体的集合称为群体。群体规模 m 直接影响算法的性能。根据模式定理，群体规模越大，算法陷入局部解的危险越小，计算量也会显著增加，若群体规模太小，使得搜索空间受到限制，则可能产生未成熟收敛的现象。根据许多学者的大量实验研究（De Jong，1975；Grefenstette，1986；Schaffer，Caruana，et al.，1989），本研究取值 $n=20$。

进化算法是一种基于自然选择和遗传变异等生物进化机制的全局性概率搜索算法。进化算法在形式上是一种迭代方法，其迭代过程看似随机，实则有序，整个群体从总体趋势来看是不断适应环境的。其进化过程如下：

迭代开始（iteration）：$i = 0$；

初始化（initialize）：$f(0) = \{a_1(0)，a_2(0)，\cdots，a_n(0)\}$

适应评价（evaluate）：$e(0) = \{e(a_1(0))，e(a_2(0))，\cdots，e(a_n(0))\}$

while（循环）$e(0) \leqslant 0$ do

　　进化（evolution）：$f'(i) = E(f(i)，E_p)$

　　新一代群体：$f(i+1) = f'(i)，i = i+1$

　　适应值（evaluate）：$e(i) = \{e(a_1(i))，e(a_2(i))，\cdots，e(a_n(i))\}$

结束（end do）

可根据地图生产的实际需求，调整种群规模、进化方法、进化参数、最大迭代次数、最长运算时间以及相应时间控制算法复杂度和效率。

7.4.5　注记配置主模块

注记配置主模块主要用于协调各子模块，共同完成地图注记的自动化配置。地图注记的配置过程如下：

步骤一，空间数据符号化。

GIS 空间数据主要服务于信息查询、空间分析等功能，因此关注于地理实体的位置、实体的属性以及实体之间的相互关系等信息。一般的制图软件关心的是如何按规范用符号图形数据将空间数据进行模拟、显示和输出，并不关心符号图形与空间数据属性的查询、空间分析等操作。地图注记作为地图符号的辅助，共同承担地图信息的传递功能。因此，地图注记配置的第一步就是按规范完成空间数据的符号化。另外，地图注记配置作为基本的制图工序之一，其终极目标是输出模拟化地图，服务于读图者视觉上的信息查询与空间分析，符号化结果直接影响着注记配置。因此，在空间数据符号化的基础上，还应维系模拟地理实体的符号图形与实体属性之间的关联关系。笔者参与开发的制图系统 CartoTP 空间数据-地图数据两库一体的设计思路很好地满足了这一要求。

步骤二，初始化规则引擎，加载注记配置知识库，并进行配置参数的调整。

在地图注记配置知识库中的事实子库中，主要存储着注记优先级、注记与符号图形应保持的距离、点定位模型的视觉主方向优先级、注记位置质量评价因子的选择以及各自的权重、注记不可压盖要素集的选择、注记处理策略的选择等。这些配置参数都应针对制图区域的特点以及地图类型进行相应的调整。原型系统制定了针对 1：250 000 地形图制作的事实库模板，可直接调用，也可以在此基础上进行修改，制作其他的制图模板。

步骤三，建立注记对象集。根据知识库中的注记优先级依次对注记要素生成地图注记对象，并加入注记对象集中。

步骤四，完成注记配置。绑定注记对象集，调用规则引擎的执行函数，最后调用查询函数得到注记对象的配置模式以及配置参数，完成注记配置。

步骤五，组合优化。

步骤六，交互式修改。对配置效果不理想的注记用红色文本外框进行标注，提供给用户进行交互式修改。

步骤七，存储注记结果进入下一制图环节。

7.5　地图注记自动配置实验与结果分析

本书将基于规则引擎引入到地图注记自动化配置技术中的主要意义有二：其一，将注记配置规则从代码中解放出来，降低地图注记配置规则的变化等对地图注记配置程序结构调整产生的代价；其二，针对注记对象实体利用知识推理技术，推理出与其实际情况相适应的配置参数。

基于这两个目的，本书进行了相关技术和方法的研究，设计开发了地图注记原型系统，并完成地图注记自动配置实验。实验分为两个部分：注记配置的推理性能的实验，以及各配置模式的配置效果实验。

在注记对象与配置模式匹配性能评价方面，目前并没有通行的衡量标准。

"查准率"是统计学中的一个概念，对于匹配算法，查准率越高，则该算法的性能越好。本书以图幅号为 H50C002001 的 1∶250 000 地形图数据和图幅号为 H51E007006 的 1∶50 000 地形图数据完成地图注记自动配置的实验。用原型系统完成图中注记配置模式的推理，将推理结果用日志文件的形式记录下来，同时请制图人员依次对注记配置方法进行选择，并对注记配置结果进行 5 分制的评分。图中的要素内容、自动推理结果统计、专家配置结果统计，以及配置效果统计见表 7-1。

表 7-1　　　　　　　　　　实验数据注记推理结果统计表

图幅号	比例尺	要注记要素个数			推理结果与专家一致个数			推理匹配率(%)		
		点	线	面	点	线	面	点	线	面
H50C002001	1∶250 000	3 231	351	131	3 231	284	93	100	81	71
H51E007006	1∶50 000	479	386	3 826	479	320	4 778	100	83	70

由表 7-1 可以看出，点状要素的配置模式推理准确率可以达到 100%，线状要素的配置模式推理准确率达到了 80%，面状要素的配置模式推理准确率达到了 70%。

在配置效果评价方面，各配置模式的配置结果令人满意，如图 7-5(a)中，"王母湖"为中轴线注记配置模式的配置效果，"野猪湖"为主骨架线注记配置模式的配置效果；图 7-5(b)中，"响水潭水库"为点注记配置模式的配置效果，"250"和"500"为线-点注记配置模式的配置效果；图 7-5(c)中"黄州区"为散列式注记配置模式调用凸壳注记配置模式的配置效果，"西洋河"为缓冲线注记配置模式的配置效果。

另外，面向注记对象实体的注记配置效果明显，如图 7-6 中注记均为点注记配置模式，"南中洲"、"燕窝镇"、"朱熊村"等注记对象周边要素少，空间自由度高，采用缺省的配置参数：主方向数目为 4；"新街镇"、"杨芳"、"赵家墩"、"竹园"等注记对象在配置过程中 4 个主方向配置结果不理想，根据规则自动将主方向数目调整为 8 个；"大屋柯"、"周李家"调整为 16 个。传统的

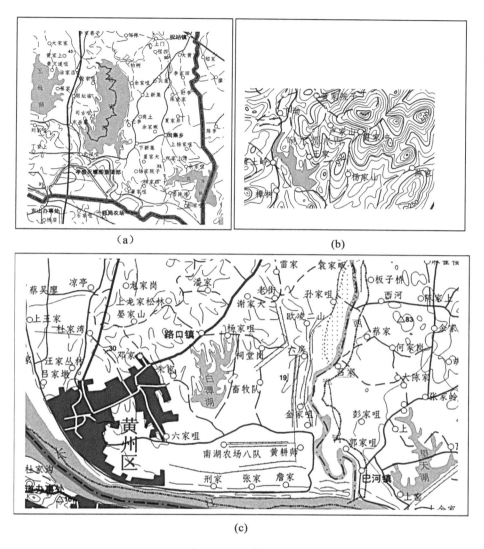

图 7-5　各注记配置模式实验结果图

4 方向注记配置方法会导致注记密集区域如"杨芳"周边要素难以得到理想的配置效果，而 8 方向注记配置方法会导致注记松散区域如"南中洲"记录更多不必要的候选位置，增加了注记优化算法的复杂度。

图 7-6　面向注记实体的配置效果试验图

7.6　实验总结

　　本书在分析了地图注记配置规则以及地图注记配置方法特点的基础上，总结了地图注记配置知识的表示及推理方法，各配置模式下注记位置的计算方法，在此基础上提出了基于规则引擎的地图注记自动配置框架，该框架包含了注记知识管理、注记对象绑定、注记配置算法、注记知识推理，注记优化组合等策略和技术。原型系统的测试结果也有力地证实了该框架的可行性、推理的准确性以及配置效果是理想的。

第八章 结 语

　　地图制图学科到现在已发展为地图制图学与地理信息工程学科(或地理学与地理信息系统),经历了传统地图学到数字化地图学并进一步向信息化地图学发展的过程。然而,从根本上实现地图生产的自动化还不现实,并已被列为地图制图学与地理信息工程学科研究的六大热点问题之一(王家耀,2010)。计算机技术的发展需要与之相适应的设计理念。在经历了面向过程、面向对象的设计模式以后,信息科学迎来了全新的业务与程序相剥离的设计理念。本书的研究思路正是基于这样的背景,旨在将规则引擎引入地图制图领域,提出一种新的地图注记配置方法。

　　从理论的角度,本书从地图注记的本质出发,总结了地图注记配置方法、评价体系、知识表示与推理的理论基础及相关研究成果,探讨了基于规则引擎实现面向地图注记对象实体的配置模式推理的理论基础;从方法的角度,详细分析了地图注记配置建模,配置模式执行,质量评价,配置知识形式化表达与推理,以及注记组合优化等方法体系。基于技术实现的角度,设计并实现了基于规则引擎的地图注记自动配置原型系统,完整地实现了从注记规则定制、注记配置模式推理、注记配置参数推理到注记配置以及注记组合优化的全过程。实验证明,本书的研究成果具有很高的推理精确度,并且实现了面向注记对象实例级的配置。

　　总结本书的研究,主要包括以下主要内容:

　　①分析地图注记的本质,即地图注记的"内涵与延伸",提出一种支持地图注记自动配置的表达方法。该方法包含了地图注记的样式特征、布局特征以及可调整的候选位置。

　　②影响地图注记位置的格式塔组合原则的研究,提取影响地图注记位置的质量评价因子。研究各评价因子的度量方法及其权重。

　　③总结分析数字环境下地图注记配置过程中求取定位信息的关键技术,提出地图注记配置模式概念,包括注记定位信息的计算方法,不同类别地物要素的配置模式选择。

④分析知识表示的方法，结合地图注记配置知识的特点，研究地图注记配置知识形式化表示的方法。

⑤知识推理技术是实现配置规则与配置过程相剥离的关键技术，本书提出了一种改进的 Rete 算法实现地图注记配置推理，包括注记配置模式推理和注记配置参数推理。

⑥基于规则引擎的地图注记自动配置框架的研究，包括地图注记对象的建立，注记对象与配置规则的匹配，以及配置结果处理策略等。

本研究的主要目标是实现规则引擎技术与地图注记实体的自动配置有机的集成与应用。涉及的主要内容是地图注记配置模式的分类、地图注记配置知识的表示方法和推理技术的集成，并应用于地图注记配置模式的选择以及配置参数的计算。研究具有较重要的创新意义，创新特色主要包括：

①将知识表达和推理技术引入地图制图学领域，探索面向地物要素实体的注记配置方法。

②为地图注记自动化配置建立相关模型，包括支持自适应调整的注记表达模型、地图注记配置模型、地图注记对象模型以及地图注记质量评价模型。

③突破了地图注记按标注地物要素类型分类的束缚，提出了要素符号图形变量的概念、度量方法以及分类体系。针对要素实体的几何类型、属性语义以及符号图形变量，提出注记配置模式的概念，包含了注记的配置方法、配置参数、评价因子及其权重。

④RuleML 语言是一种描述规则的扩展标记语言，本文使用 RuleML 完成了地图注记配置知识的形式化表达，提出了地图注记配置知识库的结构体系和构建方法。

⑤Rete 算法是一种前向规则快速匹配算法，本书将 Rete 算法引入地图注记配置规则的推理，实现地图注记对象实体与注记配置知识快速匹配技术，根据注记对象实体完成地图注记配置模式的推理和配置参数的推理。

⑥规则引擎旨在解决程序开发者难以应付时刻变化的业务规则这一矛盾，本书沿用这一思想，以 NxBRE 为工具提出了地图注记自动配置的框架，实现了面向要素实例级别的自动配置。

地图注记配置的任务就是要在有限的地图平面空间中，合理地配置数目众多的注记，属于智能体行为。这就要求在配置注记过程中，注记承担体（制图人员或注记系统）要根据实际情况随时灵活地调整事先规定好的配置规则。目前一般只有经验丰富的制图专家才能胜任这一任务。在数字制图的大环境下，如何让计算机理解制图专家的制图知识，并模拟制图专家智能配置这一过程，是根本解决地图注记配置问题的必经之路。因此，研究地图注记配置知识的形式化表达与推理技术在地图制图领域具有重要价值，但由于涉及地理信息科学、人工智能、心理学等多个研究领域，目前这方面的研究还处于初级阶段，仍然有许多理论和技术上的难题有待解决。

本书在基于规则引擎实现地图注记自动配置方面做了一部分初步研究工作，由于时间和个人能力的限制，还有以下问题值得进一步研究：

①地图注记配置知识具有网状分布特征，目前用户可通过友好的管理界面完成可视化的定制，并转入 .ruleml 文件。应当进一步研究读取 .ruleml 文件自动生成配置知识网络的功能。

②目前注记全图质量评价采用的方法是将地图上所有的注记质量评价得分进行加权计算得到，还应进一步研究全图幅角度的宏观质量评价因子，真正体现格式塔原理中"整体不等于部分之和"这一核心思想。

③深入研究注记对象与配置规则的匹配策略，本书提出的改进 Rete 算法提高了推理效率，但有些细节问题仍需提高，应当完善面向地图注记配置的 Rete 算法及相关推理规则。

④为了降低优化组合的种群规模，本书在进行优化组合前先按照不连通区域进行了划分，忽略了某些特定区域内过长的线状要素，区域的划分应当具有一定的尺度性，从而更好地控制优化注记集合的规模。

⑤基于本书的研究成果，进一步研究地图注记冲突处理方法。

⑥建立相关的应用服务，为更多的制图软件提供注记配置服务。

参 考 文 献

[1] Ackoff RL. From data to wisdom [J]. Journal of Applied Systems Analysis, 2010, 16: 3-9.

[2] Ahn J, Freeman H. AUTONAP—an expert system for automatic map name placement: proceedings Intl. Symp. on Spatial Data Handing. 1984 [C].

[3] Batory D. The LEAPS algorithms [J]. Citeseer, 1994.

[4] Bertin J. Semiologie Graphique: Les Diagrammes [J]. Les Reseaux, Les Cartes, Mouton and Gauthiers-Villars, 1967.

[5] Board C. Maps as models [J]. Models in geography, 1967: 671-725.

[6] Chirie F. Automated name placement with high cartographic quality: City street maps [J]. Cartography and Geographic Information Science, 2000, 27 (2): 101-110.

[7] Christensen J, Marks J, Shieber S. An empirical study of algorithms for point-feature label placement [J]. ACM Transactions on Graphics (TOG), 1995, 14 (3): 203-232.

[8] Coello C. C. A. An updated survey of evolutionary multiobjective optimization techniques [C]//Evolutionary Computation, 1999, CEC99. Proceeding of the 1999 Congress on. IEEE, 1999: 109-15.

[9] De Jong K A. Analysis of the behavior of a class of genetic adaptive systems [J]. Ph. d thesis University of Michigan, 1975.

[10] Ebinger L R., Goulette A M. Automated names placement in a non-interactive environment [J]. proceedings of the 1989 congress, 1989.

[11] Ebinger L R, Goulette A M. Noninteractive automated names placement for the 1990 decennial census [J]. American Cartography, 1990, 17(1): 69-78.

[12] Ebner D, Klau G W, Weiskircher R. Label number maximization in the slider model [C]//International Conference on Graph Drawing. Springer-Verlag, 2004: 144-154.

[13] Edmondson S, Christensen J, Marks Jlynnetwwwdagriorglynnet. A General Cartographic Labelling Algorithm[J]. Cartographica: The International Journal for Geographic Information and Geovisualization, 1996, 33(4): 13-24.

[14] Egenhofer M J, Franzosa RD. V Point-Set Topological Spatial Relations[J]. Classics from IJGIS: twenty years of the International journal of geographical information science and systems, 2006, 5(2): 141.

[15] Fonseca C M, Fleming PJ. An overview of evolutionary algorithms in multiobjective optimization[J]. Evolutionary computation, 1995, 3(1): 1-16.

[16] Forgy C L. Rete: A fast algorithm for the many pattern/many object pattern match problem * 1[J]. Artificial Intelligence, 1982, 19(1): 17-37.

[17] Formann M, Wagner F. A packing problem with applications to lettering of maps[C]. proceedings of, 1991. ACM.

[18] Giarratano J C, Riley G. Expert systems: principles and programming[M]. Brooks/Cole Publishing Company, 1989.

[19] Graham R L. An efficient algorith for determining the convex hull of a finite planar set[J]. Information Processing Letters, 1972, 1(4): 132-133.

[20] Grefenstette J J. Optimization of control parameters for genetic algorithms[J]. Systems, Man and Cybernetics, IEEE Transactions on, 1986, 16 (1): 122-128.

[21] Hirsch S A. An algorithm for automatic name placement around point data[J]. Cartography and Geographic Information Science, 1982, 9(1): 5-17.

[22] Hirsch S A, Glick B J. Design issues for an intelligent names processing system[C]. proceedings of, 1982.

[23] Imhof E. Positioning names on maps [J]. Cartography and Geographic Information Science, 1975, 2(2): 128-144.

[24] Jones C B. Cartographic name placement with Prolog[J]. IEEE Computer Graphics and Applications, 1989: 36-47.

[25] Kato T, Imai H. The NP-completeness of the character placement problem of 2 or 3 degrees of freedom[C]. Record of Joint Conference of Electrical and Electronic engineers in Kyushu. 1988. japon es.

[26] Kreveld M J, Strijk T, Wolff A. Point labeling with sliding labels [J]. Computational Geometry, 1999, 13(1): 21-47.

[27] Langran G E, Poiker T K. Integration of name selection and name placement

[A]. Proceedings of 2nd International Symposium on Spatial Data Handling [C]. Seattle, Washington, USA, 1986: 50-64.

[28]Lecordix F., Plazanet C., Lagrange J. P., Chirié F., Banel T., Cras Y., "Placement automatique des écritures d'une carte avec une qualité cartographique," in Proc. EGIS'94, Paris, 1: 22-32, 1994.

[29]Mark D M. Spatial representation: a cognitive view[J]. Geographical Information Systems: Principles and Applications, 1999, 1: 81-89.

[30]Marks J, Shieber S M. The computational complexity of cartographic label placement[M]. Citeseer, 1991.

[31]Minsky M. A framework for representing knowledge[J]. 1974.

[32]Miranker D P, TREAT: a new and efficient match algorithm for AI production systems[M]. Columbia Univ., New York (USA), 1987.

[33]Morrison J L. A theoretical framework for cartographic generalization with the emphasis on the process of symbolization [J]. International Yearbook of Cartography, 1974, 14(1974): 115-127.

[34]Newell A, Simon H A, SCIENCE. C-MUPPDOC. Human problem solving [M]. Prentice-Hall Englewood Cliffs, NJ, 1972.

[35]Nilsson N J. Principles of artificial intelligence [M]. Berlin: Springer Verlag, 1982.

[36]Nilsson N J. 人工智能[M]. 北京: 机械工业出版社, 2000.

[37]Nonaka I. A dynamic theory of organizational knowledge creation [J]. Organization Science, 1994, 5(1): 14-37.

[38]Orcle. Linear Inferencing: High-Performance Processing [M]. 2009.

[39]Peterson J L. Petri Net Theory and the Modeling of Systems [J]. Prentice-HALL, INC, Englewood Cliffs, NJ 07632, 1981, 290, 1981.

[40]Poon S H, Shin C S, Strijk T., et al. Labeling points with weights [J]. Algorithmica, 2004, 38(2): 341-362.

[41]Poon S H, Shin C S, Strijk T., et al. Labeling points with weights [J]. Algorithms and Computation, 2001: 610-622.

[42]Post E. Formal reductions of the combinatorial decision problem[J]. American Journal of Mathematics, 1943, 65(2): 197-215.

[43]Preub M. Solving map labeling problems by means of evolution strategies[J]. Master's thesis, Fachbereich Informatik, Universit t Dortmund, 1998.

［44］Purser William A, Ronald E, Tenkasi R V. The influence of deliberations on learning in new product development teams［J］. Journal of Engineering and Technology Management, 1992, 9(1): 1-28.

［45］Rosenberg R. S. Simulation of genetic populations with biochemical properties I. The model［J］. Mathematical Biosciences, 1970, 8(1): 1-37.

［46］Schaffer J D. Multiple objective optimization with vector evaluated genetic algorithms［C］. Proceeding of the 1st International Conference on Genetic Algorithms, Pittsburgh, PA, USA, July 1985.

［47］Schaffer J D, Caruana R A, Eshelman LJlynnetwwwdagriorglynnet. A study of control parameters affecting online performance of genetic algorithms for function optimization［C］. Pcoceeding of the 3rd International Conference on Genetic Algorithms. Morgan Kaufmann Publishers Inc., 1989.

［48］Schank R C. Conceptual information processing［M］. New York: Elsevier Science Inc., 1975.

［49］Strijk T, Van Kreveld M. Practical Extensions of Point Labeling in the Slider Model［J］. GeoInformatica, 2002, 6(2): 181-197.

［50］Van Dijk S, Van Kreveld M, Strijk T., et al. Towards an evaluation of quality for names placement methods［J］. International Journal of Geographical Information Science, 2002, 16(7): 641-662.

［51］Wagner D. A method of evaluating polygon overlay algorithms［C］. In: ACSM-ASPRS Annual Convention, 1988: 173-183.

［52］Wolff A, Strijk T. The map-labeling bibliography［J/OL］. http://liinwww. ira. uka. de/bibliography/Theory/map. labeling. html.

［53］Word C H. A Descriptive and Illustrated Guide for Type Placement on Small Scale Maps［J］. Cartographic Journal, 2000, 37(1): 5-18.

［54］Wright I, Marshall J A R. The execution kernel of RC++: RETE*, a faster RETE with TREAT as a special case［J］. Int. J. Intell Games & Simulation, 2003, 2(1): 36-48.

［55］Yoeli P. The logic of automated map lettering［J］. Cartographic Journal, 1972, 9(2): 99-108.

［56］Zhu B, Qin Z. New approximation algorithms for map labeling with sliding labels［J］. Journal of Combinatorial Optimization, 2002, 6(1): 99-110.

［57］Zoraster S. Integer programming applied to the map label placement problem

[J]. Cartographica：The International Journal for Geographic Information and Geovisualization，1986，23(3)：16-27.

[58] Zoraster S. The solution of large 0-1 integer programming problems encountered in automated cartography[J]. Operations Research，1990，38(5)：752-759.

[59] Zoraster S. Practical results using simulated annealing for point feature label placement[J]. Cartography and Geographic Information Science，1997，24 (4)：228-238.

[60] 波林，高觉敷. 实验心理学史[M]. 北京：商务印书馆，1981.

[61] 蔡梦裔，田德森. 新编地图学教程 [M]. 北京：高等教育出版社. 2004.

[62] 蔡怡明，周谊. 基于规则引擎的计算机故障智能诊断系统的研究与实现[J]. Microcomputer Applications，2010，26(8)：41-43.

[63] 蔡毅，娄臻亮. 基于模型推理的智能注塑模设计系统[J]. 上海交通大学学报，2002，36(4)：474-477.

[64] 陈波，于泠，肖军模. SA 算法在基于模型推理入侵检测中的应用[J]. 电子科技大学学报，2005，34(1)：36-39.

[65] 陈建伟，唐平. 基于 Java 规则引擎的足球机器人系统决策研究[J]. 广东工业大学学报，2003，32：58-62.

[66] 陈涛，艾廷华. 多边形骨架线与形心自动搜寻算法研究[J]. 武汉大学学报：信息科学版，2004，29(5)：443-446.

[67] 陈星，刁永锋. 基于模糊 Petri 网的产生式知识表示模型的推理[J]. 微型机与应用，2004，23(012)：62-64.

[68] 邓超，郭茂祖，王亚东. 一种基于产生式规则的不确定推理模板模型的研究[J]. 计算机工程与应用，2003，39(030)：57-61.

[69] 邓红艳，武芳，李铭. 遗传算法在点注记自动配置中的应用[J]. 测绘学院学报，2003(01)：69-72.

[70] 杜瑞颖，刘镜年. 面状地物名称注记的自动配置研究[J]. 测绘学报，1999(04)：365-368.

[71] 杜维. 基于模拟退火算法的地图点状要素注记配置研究[D]：武汉：武汉大学，2005.

[72] 樊红. 地图注记自动配置的研究[M]. 测绘出版社，2004.

[73] 樊红，杜道生，张祖勋. 地图注记自动配置规则及其实现策略[J]. 武汉测绘科技大学学报，1999，24(2)：154-157.

[74] 樊红，刘开军，张祖勋. 基于遗传算法的点状要素注记的整体最优配

置[J]. 武汉大学学报(信息科学版), 2002, 27(6): 560-565.

[75]樊红, 张祖勋, 杜道生. 地图注记质量评价模型的研究[J]. 测绘学报, 2004(04).

[76]樊红, 张祖勋, 杜道生. 地图线状要素自动注记的算法设计与实现[J]. 测绘学报, 1999, 28(1): 86-89.

[77]房文娟, 李绍稳, 袁媛. 基于案例推理技术的研究与应用[J]. 农业网络信息, 2005(001): 13-17.

[78]付一凡. 基于Rete算法的规则引擎设计及在学科智能导学中的应用[D]. 长春: 东北师范大学, 2009.

[79]傅荣, 罗键. 产生式知识表示的Petri网模型及其推理规则[J]. 厦门大学学报: 自然科学版, 2000, 39(006): 748-752.

[80]郭庆胜, 王涛. 稠密型点状地图要素注记自动配置的智能化渐进式方法[J]. 武汉测绘科技大学学报, 2000, 25(4): 362-367.

[81]郭仁忠. 空间分析[M]. 武汉: 武汉测绘科技大学出版社, 2000.

[82]贺彪, 李霖, 朱海红. 数字制图中面状注记自动配置的研究[J]. 测绘信息与工程, 2007, 32(6): 12-14.

[83]胡运发. 数据与知识工程导论[M]. 北京: 清华大学出版社, 2003.

[84]姜永发, 张书亮, 兰小机. 长对角线法实现GIS中矢量地图面状地物汉字注记的自动配置[J]. 武汉大学学报(信息科学版), 2005, 30(6): 544-548.

[85]梁凯鹏. 基于规则引擎的反洗钱系统的设计与实现[D]. 北京: 北京邮电大学, 2007.

[86]林碧英, 张艳辉. 规则引擎在电信结算摊分系统中的应用[J]. 开发研究与设计技术, 2007, 33(16): 256-258, 260.

[87]刘晨帆, 肖强, 张涵斐. 规则引擎在自定义地理信息查询中的应用[J]. 测绘, 2010, 33(2): 63-65.

[88]刘道华, 原思聪, 杨凯. 基于带区间值的产生式规则及其模糊推理机制研究[J]. 计算机应用与软件, 2006, 23(3): 86-88.

[89]刘树安, 吕帅. 地图文本注记问题的遗传算法求解[J]. 控制工程, 2007, 14(2): 129-131.

[90]刘伟. 复杂知识系统的知识表示与推理控制结构研究[J]. 电脑与信息技术, 2004, 12(2): 1-4.

[91]刘晓霞. 概念图知识表示方法的研究[J]. 计算机应用与软件, 2001, 18

（8）：56-59.

[92]罗宾逊，塞尔，莫里逊．地图学原理［M］．测绘出版社，1989.

[93]罗广祥．支持地图注记配置的数据模型与计算几何方法研究［D］．武汉：武汉大学，2003.

[94]罗广祥，李媛媛，宋毅成．线状要素名称注记方法的研究［J］．测绘技术装备，2006，8（4）：16-19.

[95]罗广祥，马智民，陈晓明．基于单调性图形综合的面状要素名称注记定位线确定［J］．地球科学与环境学报，2004，26（2）：75-80.

[96]罗广祥，马智民，田永瑞．基于模拟退火算法的自动地图注记配置研究［J］．测绘科学，1999（2）：11-16.

[97]马飞．用数学形态学自动快速寻找地图注记位置［J］．武汉测绘科技大学学报，1996，21（2）：150-153.

[98]马耀峰，胡文亮，张安定．地图学原理［M］．北京：科学出版社.2004.

[99]彭磊．规则引擎原理分析［J］．福建电脑，2006（009）：42-42.

[100]彭珊鸽，宋鹰，吴凡．基于蚁群算法的点状注记智能化配置［J］．测绘科学，2007，32（5）：80-81.

[101]秦旺勇．规则引擎在企业年金账户管理信息系统中的应用研究［D］．北京：北京林业大学，2006.

[102]萨里谢夫，李道义，王兆彬．地图制图学概论［M］．北京：测绘出版社，1982.

[103]宋震，李莲治．产生式系统并行推理机PPIM的研究与设计［J］．高技术通讯，2001，11（2）：77-79.

[104]苏姝，李霖，王玲．地图汉字注记质量函数的分析与计算［J］．武汉大学学报（信息科学版），2006，31（5）：432-436.

[105]孙懿青．基于规则引擎的自解析匹配推理原型系统研究［D］．南京：南京师范大学，2006.

[106]孙玉国．拓扑空间关系描述与2DT—String空间关系表达［D］．武汉：武汉测绘科技大学，1993.

[107]田盛丰，黄厚宽．人工智能与知识工程［M］．北京：中国铁道出版社，1999.

[108]万幼川，樊红，张祖勋．基于数学形态学面状要素自动注记［J］．计算机与数字工程，1998（2）：11-16.

[109]王玲．基于Gestalt原则的汉字注记配置规则与形式化表达研究［J］．测绘

学报，2007，36（4）：457-462.

[110] 王家耀．地图学的回顾与展望[J]．纪念中国测绘学会成立四十周年论文集，1999.

[111] 王家耀．地图制图学与地理信息工程科学进展[A]．中国测绘学科发展蓝皮书，2005.

[112] 王家耀．地图学原理与方法[M]．北京：科学出版社，2006.

[113] 王家耀．地图制图学与地理信息工程学科发展趋势[J]．测绘学报，2010（002）：115-119.

[114] 王璐玮，尹朝庆，葛守飞．基于 Java 规则引擎的汽车发动机故障诊断专家系统研究与开发[J]．交通与计算机，2005，23（005）：30-34.

[115] 王文杰，叶世伟．人工智能原理与应用[M]．北京：人民邮电出版社，2004.

[116] 王兴，苗春生，朱定真．规则引擎在气象资料质量控制中的应用研究[J]．计算机与现代化，2011：55-59.

[117] 王昭，吴中恒，费立凡．基于几何信息熵的面状要素注记配置[J]．测绘学报，2009，38（2）：183-188.

[118] 王中流．地形绘图[M]．北京：煤炭工业出版社，1979.

[119] 邬伦．地理信息系统：原理，方法和应用[M]．北京：科学出版社，2001.

[120] 吴鹤龄．专家系统工具 CLIPS 及其应用[M]．北京：北京理工大学出版社，1991.

[121] 吴泉源，刘江宁．人工智能与专家系统[M]．长沙：国防科技大学出版社，1995.

[122] 夏定纯，徐涛．人工智能技术与方法[M]．武汉：华中科技大学出版社，2004.

[123] 徐德明．着力构建数字中国推动测绘信息化建设[J]．中国测绘，2009（2）：10-13.

[124] 杨圣枝．地图注记在地图信息传输中的功能分析[J]．测绘通报，2009（9）：71-82.

[125] 杨勇，邓淑丹，李霖．基于禁忌搜索的点状注记研究[J]．测绘科学，2007，32（6）：46-48.

[126] 于泠，陈波．遗传算法在基于模型推理入侵检测中的应用研究[J]．计算机工程与应用，2001，37（13）：60-61.

[127]余代俊，耿留勇，Geng L-y. 基于 Delaunay 三角形实现面状要素自动注记[J]. 测绘通报，2006(11)：26-28.

[128]张红武，张友纯，谢忠. 用遗传算法解决点状要素的自动注记问题[J]. 计算机工程与应用，2003，39(7)：68-70.

[129]张伟. 规则引擎在学分制教务管理系统中的应用研究[D]. 长沙：湖南大学，2008.

[130]张文修，吴伟志，梁吉业. 粗糙集合理论与方法 [M]. 北京：科学出版社. 2001.

[131]张晓通，李霖，舒亚东. 面状要素注记智能化配置方法研究[J]. 武汉大学学报(信息科学版)，2008，33(7)：762-765.

[132]张宇. 基于 Java 规则引擎的中医专家系统[J]. 郑州轻工业学院学报：自然科学版，2008，23(3)：20-22.

[133]赵静，罗兴国，张汝云. 一种新的电子地图注记算法——格网法[J]. 计算机工程，2008，34(7)：278-279.

[134]周培德. 计算几何[M]. 北京：清华大学出版社，2005.

[135]祝国瑞. 地图学[M]. 武汉：武汉大学出版社，2004.